新版 全国一级建造师
执业资格考试三阶攻略

机电工程管理与实务
一级建造师考试 100 炼

浓缩考点　　提炼模块　　提分秘籍

嗨学网考试命题研究组　编

北京理工大学出版社
BEIJING INSTITUTE OF TECHNOLOGY PRESS

版权专有　侵权必究

图书在版编目（CIP）数据

机电工程管理与实务. 一级建造师考试100炼 / 嗨学网考试命题研究组编. -- 北京：北京理工大学出版社, 2024.6.
(全国一级建造师执业资格考试三阶攻略).
ISBN 978-7-5763-4277-2

Ⅰ. TH-44

中国国家版本馆CIP数据核字第2024G9Y150号

责任编辑：王梦春　　　　　**文案编辑**：杜　枝

责任校对：周瑞红　　　　　**责任印制**：边心超

出版发行 / 北京理工大学出版社有限责任公司

社　　址 / 北京市丰台区四合庄路6号

邮　　编 / 100070

电　　话 /（010）68944451（大众售后服务热线）

　　　　　（010）68912824（大众售后服务热线）

网　　址 / http://www.bitpress.com.cn

版 印 次 / 2024年6月第1版第1次印刷

印　　刷 / 天津市永盈印刷有限公司

开　　本 / 889 mm × 1194 mm　1/16

印　　张 / 13

字　　数 / 336千字

定　　价 / 58.00元

图书出现印装质量问题，请拨打售后服务热线，本社负责调换

嗨学网考试命题研究组

主　　编：杨海军

副 主 编：石　莉　伊力扎提·伊力哈木

其他成员：陈　行　杜诗乐　黄　玲　寇　伟　李　理

　　　　　李金柯　林之皓　刘　颖　马丽娜　马　莹

　　　　　邱树建　宋立阳　石　莉　王　欢　王晓波

　　　　　王晓丹　王　思　武　炎　许　军　谢明凤

　　　　　杨　彬　杨海军　尹彬宇　臧雪志　张　峰

　　　　　张　琴　朱　涵　张　芬　伊力扎提·伊力哈木

前言

注册建造师是以专业技术为依托，以工程项目管理为主业的注册执业人士。注册建造师执业资格证书是每位从业人员的职业准入资格凭证。我国实行建造师执业资格制度后，要求各大、中型工程项目的负责人必须具备注册建造师资格。

"一级建造师考试100炼"系列丛书由嗨学网考试命题研究组编写而成。编写老师在深入分析历年真题的前提下，结合"一级建造师考试100记"知识内容进行了试题配置，以帮助考生在零散、有限的时间内进一步消化考试的关键知识点，加深记忆，提高考试能力。

本套"一级建造师考试100炼"系列共有6册，分别为《建设工程经济·一级建造师考试100炼》《建设工程项目管理·一级建造师考试100炼》《建设工程法规及相关知识·一级建造师考试100炼》《建筑工程管理与实务·一级建造师考试100炼》《市政公用工程管理与实务·一级建造师考试100炼》《机电工程管理与实务·一级建造师考试100炼》。

在丛书编写上，编者建立了"分级指引、分级导学"的编写思路，设立"三级指引"，给考生以清晰明确的学习指导，力求简化学习过程，提高学习效率。

一级指引：专题编写，考点分级。建立逻辑框架，明确重点。图书从考试要点出发，按考试内容、特征及知识的内在逻辑对科目内容进行解构，划分专题。每一专题配备导图框架，以帮助考生轻松建立科目框架，梳理知识逻辑。

二级指引：专题雷达图，分别从分值占比、难易程度、案例趋势、实操应用、记忆背诵五个维度解读专题。指明学习攻略，明确掌握维度。针对每个考点进行星级标注，并配置3~5道选择题。针对实务科目在每一专题下同时配备了"考点练习"模块（案例分析题）帮助考生更为深入地了解专题出题方向。

三级指引：随书附赠色卡，方便考生进行试题自测。

本套丛书旨在配合"一级建造师考试100记"帮助考生高效学习，掌握考试要点，轻松通过注册建造师考试。编者在编写过程中虽已反复推敲核证，但疏漏之处在所难免，敬请广大考生批评指正。

目录

CONTENTS

第一部分　前　瞻 / 1

第二部分　金题百炼 / 6

　　专题一　机电工程常用材料与设备 / 6

　　专题二　机电工程专业技术 / 10

　　专题三　建筑机电工程施工技术 / 18

　　专题四　工业机电工程安装技术 / 53

　　专题五　机电工程相关法规与标准 / 112

　　专题六　机电工程项目管理实务 / 117

第三部分　触类旁通 / 188

第一部分 前 瞻

一、考情分析

1.试卷构成

序号	考试科目	考试时间	题型	题量/题	分值
1	建设工程经济	2小时	单选题	60	100分
			多选题	20	
2	建设工程法规及相关知识	3小时	单选题	70	130分
			多选题	30	
3	建设工程项目管理	3小时	单选题	70	130分
			多选题	30	
4	专业工程管理与实务	4小时	单选题	20	160分
			多选题	10	
			实务操作和案例分析题	5	

一级建造师《机电工程管理与实务》总计3篇16章，涉及机电工程技术、机电工程相关法规与标准、机电工程项目管理实务。

根据历年考试的试卷题型分布，20个单选题主要围绕着建筑机电工程施工技术和工业机电工程安装技术以及项目管理实务进行考查；10个多选题主要围绕着材料设备、专业技术、法规标准等内容进行考查；而分值占比最高的5个案例题，主要围绕着建筑管道、建筑电气、通风空调、机械工程、管道工程、电气工程、石化设备、发电设备等8个小节，以及项目管理实务中的施工组织设计、合同管理、进度管理、质量管理、安全管理、环境管理、资源与协调管理等7个小节进行考查。

综上所述，大家在学习的时候一定要有主次之分，切忌平均分配时间和精力，而应充分利用有限的时间重点攻克5个案例题的考查内容，从而掌握达到60%的合格标准所需的学习内容。在此基础之上，再去学习起重技术、焊接技术、智能化工程、消防工程等施工技术，以及项目管理实务中的其他内容，并熟悉特种设备安全法的相关内容。

2.专题划分

为了便于大家区分各章节的重要性，以及便于区分不同章节的内容特点，特将《机电工程管理与实务》划分为六个专题，各专题分值分布（单位：分）、考试特点及学习建议如下。

专题	2019年	2020年	2021年	2022年	2023年
专题一 机电工程常用材料与设备	2	2	4	4	4
专题二 机电工程专业技术	17	16	6	12	12
专题三 建筑机电工程施工技术	49	12.5	22	28	18.5

续表

专题	2019年	2020年	2021年	2022年	2023年
专题四　工业机电工程安装技术	34	50.5	41	35	55
专题五　机电工程相关法规与标准	5	12.5	28	15	8
专题六　机电工程项目管理实务	53	66.5	59	66	62.5

专题一　机电工程常用材料与设备

机电工程常用材料与设备作为整本教材的开篇部分，内容较多且杂乱无章，导致初学者感到学习困难、无从下手，很多考生也是因为这个原因放弃了对机电实务的学习；但是在考试的时候，该部分内容相关的试题却很简单，材料与设备各有1个选择题。在2020年及以前，基本都是单选题，很少出多选题，而2020年以后，基本都是以多选题为主，提高了这部分的分值，但是考试难度并未增加，仍然是以常识内容和常规考点为主进行考查。因此，对于本专题内容的学习，关键在于放得下、舍得弃，丢车保帅不失为明智之举。

专题二　机电工程专业技术

本专题主要包括3节内容，分别是测量技术、起重技术、焊接技术，涉及3个多选题和1个或2个案例小问题。从学习难易程度和考试难易程度上来看，都是属于整本教材中非常容易学习且非常容易得分的内容。因此对于这部分内容的学习，务必给足时间和精力，学懂学透，不必死记硬背即可高分拿下。另外，从考试题型角度来分析，最可能出案例题的是起重技术，其次是焊接技术，最后是测量技术，但是不论是基于哪个知识点出的案例题，题目难度都是非常小的，均属于易得分题目。

专题三　建筑机电工程施工技术

本专题主要包括6节内容，考试题型涉及6个选择题和2个以其为背景的案例题。从学习难易程度和考试难易程度上来看，也都是属于整本教材中难度较大的内容。对于这部分内容的备考，必会内容为建筑管道、建筑电气、通风空调，并在掌握了以上内容且时间和精力允许的情况下，跟着老师学习智能化工程和消防工程，以面对以智能化工程或消防工程为背景的案例题，虽然考查这种案例题的概率较小，但不容忽视。

专题四　工业机电工程安装技术

本专题主要包括9节内容，考试题型涉及9个选择题和3个以其为背景的案例题。从学习难易程度和考试难易程度上来看，也都是属于整本教材中难度较大的内容，因此对于这部分内容的备考，我们一定要从分值分布角度来考虑如何学习，一切从考试规律出发，选择正确的学习策略。在这里必会内容为机械工程、管道工程、电气工程、石化设备、发电设备，掌握此内容者可得高分，其余内容简单了解即可，一定不可以不分主次，囫囵吞枣，不然时间没了，精力没了，分也就没了。

专题五　机电工程相关法规与标准

本专题主要包括5节内容，考试题型涉及5个选择题和1个或2个案例小问题。本专题中的计量法和电力法要求在学习的时候大致了解即可，能会则会，不会则放，影响不大；本专题中的特种设备安全法属于必会内容，也是每年案例题必考的一个内容；本专题中的建筑标准和工业标准主要涉及各专业的设计标准和施工标准，与技术部分内容关联性较强，考试题型主要以选择题为主。

专题六　机电工程项目管理实务

本专题主要包括10个内容，几乎占教材全部内容的40%，考试题型涉及5个选择题和大量的案例分析题及案例问答题。虽然内容多，但是考点集中，比如施工组织设计、合同管理、进度管理、质量管理、安全管理、环境管理、资源与协调管理等7个章节分值总计为55分以上，其余所有内容分值总计不足10分。因此，鉴于以上特点，我们围绕着上述非常重要的7个章节进行全面系统的学习即可满足考试要求，但是为了有备无患，可以结合老师所讲内容学习其余章节。同时该部分内容的考试还有一个特点，即试题本身不难，难点在于背诵，也就是大家所说的记住了就能得分。

二、题型分析及答题技巧

（1）客观题答题方法及评分说明

题目类型		典型考法	题型示例	题型占比
客观题	填空题	直接按照教材内容挖空考查	塑料给水管的试验压力是工作压力的（　　）倍。	30%
	归属题	以下包括或以下属于的是	下列设备中属于通用机械设备的是（　　）。	35%
	判断题	以下说法正确或说法错误的是	关于高强度螺栓连接紧固的说法，正确的有（　　）。	35%

1）客观题答题方法。

客观题包括单项选择题和多项选择题，对于单项选择题，四选一，宁可错选，不可不选。对于多项选择题，五选多，宁可少选，不可多选，同时可采取下列方法作答：

①直接法。直接选择自己认为一定正确的选项。

②排除法。如果无法采用直接法，而正确选项又基本来自教材，因此可以先排除明显不全面、不完整或不正确的选项，再排除命题者设计的干扰选项，提高客观题的正确率。

③比较法。对各选项加以比较，分析它们之间的不同点，考虑它们之间的关系，通过对比分析判断命题者的意图。

④推测法。利用上下文推测题意，结合常识进行判断，从而选出正确的选项。

2）客观题评分说明。

客观题采用机读评卷，必须使用2B铅笔在答题卡上作答，要特别注意答题卡上的选项是横排还是竖排，不要涂错位置。单项选择题共20题，每题1分，每题的备选项中，只有1个最符合题意。多项选择题共10题，每题2分，每题的备选项中，有2个或2个以上符合题意，至少有1个错项，错选本题不得分，少选所选的每个选项得0.5分。

（2）主观题答题方法及评分说明

题目类型		典型考法	题型示例	题型占比
主观题	问答题	直接按照教材原文内容进行提问	A公司还应从哪些方面对B公司进行全过程管理？	55%
	分析题	结合背景资料对某件事情进行分析	事件的发生是否影响施工进度？说明理由。	19%
	判定题	结合背景资料对某件事情进行定性提问	在试运行验收中，需返工的是哪个分项工程？	10%
	改错题	结合背景资料分析不妥之处并加以改正	指出图中管件安装的质量问题，应怎样纠正？	10%
	计算题	结合背景资料分析并进行简单计算	计算空调供水管和冷却水管的试验压力。	6%

1）主观题答题方法。

主观题是实务操作和案例分析题，通过背景资料阐述一个项目在实施过程中所开展的相应工作，根据这些具体工作提出若干问题。针对不同题型可采取下列方法作答：

①问答题。主要考查考生的记忆能力，考生可按照教材和题目要求直接作答，或将背景资料中未给内容回答出来，不必展开论述。

②分析题。结合图形及相关表格或具体背景资料中的内容，针对具体问题作答，例如判断图形是否正确、补充图形的构造名称，结合表格分析进度问题、质量问题、成本问题等。另有分析论述题，这类问题比较复杂，内容往往涉及不同的知识点，要求回答的问题较多，难度较大，也是考生容易失分的地方。考生不仅要具有一定的理论基础和实际经验，更要对教材知识点熟练掌握。

③判定题。结合背景资料及所学内容进行作答，且只能给出唯一答案，不可多答。

④改错题。首先在背景资料中找出问题并判断是否正确，然后结合教材或相关规范进行改正；回答此类问题一定要以教材为依据，不能按照实际工作中的做法回答问题，否则以此为依据得出的答案和标准答案之间可能会存在较大差距，无法得分。

⑤计算题。技术部分主要围绕各类管道和设备的压力试验进行考查，管理部分主要围绕合同管理、进度管理、质量管理、成本管理进行考查，题目难度较小，做题时必须写出关键的计算步骤，并注意对计算结果是否有保留小数点位数的要求。

2）主观题评分说明。

每份试卷的每道题均由2位评卷人员分别独立评分，如果2人的评分结果相同或相近，就以2人的平均分为准计分；如果2人的评分差异较大，就由评卷人员再次独立评分，然后用评卷人员所评分数和与评卷人员评分接近的分数计算平均值计分。

主观题评分标准一般以准确性、完整性、分析步骤、计算过程、关键问题的判别方法、概念原理的运用等为判别核心。主观题作答应避免答非所问，回答问题应言简意赅，确定所答内容完全正确时，就不要过多展开论述，也不用多写其他内容，这样评卷人满意，自己也省时。

三、100炼编写

本书从内容关联性出发,将"机电工程管理与实务"科目划分为六个专题,分别是机电工程常用材料与设备、机电工程专业技术、建筑机电工程施工技术、工业机电工程安装技术、机电工程相关法规与标准、机电工程项目管理实务,与《一级建造师考试100记·机电工程管理与实务》图书相对应。

本书第二部分"金题百炼",所有选择题的题目均按100记对应考点编排,并在每个考点下面搭配选取了极其具有代表性的选择题,供读者日常练习;但由于实务的考试是选择题为辅、案例题为主,因此本书在重点专题后面添加了"案例专项"板块,使本书更具指导性和实用性。

本书第三部分"触类旁通",从不同角度出发,为考生总结了大家最关心的一系列问题和内容,例如,有关各类试验的总结、电阻要求的总结、偏差数据的总结等,这样极大地节省了大家的宝贵时间,免去了大家自己去提炼总结的烦琐过程,从而实现所得即所用。

第二部分 金题百炼

专题一 机电工程常用材料与设备

考点导图

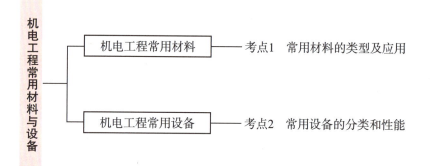

专题雷达图

分值占比：本专题在机电实务考试中分值占比极低，平均每年2~4分。

难易程度：本专题内容较多且杂乱无序，相互之间关联性低，学习难度较高。

案例趋势：本专题曾在2014年的案例题中考过1问，后期再无案例题的考查。

实操应用：本专题无实操要求，所学内容均为材料设备的分类及特点。

记忆背诵：本专题分值占比极低，且相关内容无须死记硬背，通过课程简单了解，学会常规内容即可。

考点练习

考点1　常用材料的类型及应用★

1.下列非金属风管材料中，适用于酸碱性环境的是（　　）。

A.聚氨酯复合板材　　　　　　　　　　B.酚醛复合板材

C.硬聚氯乙烯板材　　　　　　　　　　D.玻璃纤维复合板材

【答案】C

【解析】酚醛复合风管适用于低、中压空调系统及潮湿环境；聚氨酯复合风管适用于低、中、高压洁净空调系统及潮湿环境；玻璃纤维复合风管适用于中压以下空调系统；硬聚氯乙烯风管适用于洁净室含酸碱的排风系统。

2.关于氧化镁电缆特性的说法，错误的是（　　）。

A.氧化镁绝缘材料是无机物

B.电缆允许长期工作温度为250℃

C.燃烧时会发出有毒的烟雾

D.具有良好的防水和防爆性能

【答案】C

【解析】C选项，氧化镁电缆燃烧时不会发出有毒的烟雾。

3.SF_6断路器的灭弧介质和绝缘介质分别是（　　）。

A.气体和液体　　　　　　　　　　　　B.气体和气体

C.液体和液体　　　　　　　　　　　　D.液体和真空

【答案】B

【解析】在电气设备中，气体除可作为绝缘材料外，还具有灭弧、冷却和保护等作用，常用的气体绝缘材料有空气、氮气、二氧化硫和六氟化硫（SF_6）。

4.无卤低烟阻燃电缆在消防灭火时的缺点是（　　）。

A.发出有毒烟雾　　　　　　　　　　　B.产生烟尘较多

C.腐蚀性较高　　　　　　　　　　　　D.绝缘电阻会下降

【答案】D

【解析】无卤低烟阻燃电缆采用氢氧化物作为阻燃剂，氢氧化物又称为碱，其特性是容易吸收空气中的水分而潮解，潮解的结果是绝缘层的体积电阻系数大幅下降，最终导致绝缘电阻下降。

5.金属基复合材料的主要性能特点包括（　　）。

A.耐腐蚀性　　　　　　　　　　B.耐热性

C.高比模量　　　　　　　　　　D.高比强度

E.尺寸稳定性

【答案】BCDE

【解析】金属基复合材料具有良好的高比强度、高比模量、尺寸稳定性、耐热性。

考点2　常用设备的分类和性能★

1.下列系统中，不属于直驱式风力发电机组成系统的是（　　）。

A.变速系统　　　　　　　　　　B.防雷保护系统

C.测风系统　　　　　　　　　　D.电控系统

【答案】A

【解析】直驱式风力发电机组成系统主要由塔筒、机舱总成、发电机、叶轮总成、测风系统、电控系统和防雷保护系统组成。

2.与直流电动机和同步电动机相比较，下列选项中，属于异步电动机特点的是（　　）。

A.结构较复杂　　　　　　　　　B.坚固耐用

C.价格较贵　　　　　　　　　　D.能实现平滑调速

【答案】B

【解析】异步电动机是现代生产和生活中使用最广泛的一种电动机。它具有结构简单、制造容易、价格低廉、运行可靠、使用维护方便、坚固耐用、重量轻等优点。

3.下列变压器中，不属于按用途分类的是（　　）。

A.电力变压器　　　　　　　　　B.油浸变压器

C.整流变压器　　　　　　　　　D.工频试验变压器

【答案】B

【解析】变压器按其用途不同分为电力变压器、电炉变压器、整流变压器、工频试验变压器、矿用变压器、电抗器、调压变压器、互感器、其他特种变压器。

4.泵的主要性能参数有（　　）。

A.功率　　　　　　　　　　　　B.级数

C.流量　　　　　　　　　　　　D.扬程

E.效率

【答案】ACDE

【解析】泵的性能参数主要有：流量、扬程、功率、效率、转速等。

5.下列输送机中,具有挠性牵引件的有（　　）。

A.带式输送机　　　　　　　　B.刮板输送机

C.悬挂输送机　　　　　　　　D.小车输送机

E.螺旋输送机

【答案】ABCD

【解析】具有挠性牵引件的输送设备的工作特点是：把物品置于承载件上，由挠性牵引件搬运承载件沿着固定的线路运动，靠物品和承载件的摩擦力使物品与牵引件在工作区段上一起移动，具体有带式输送机、链板输送机、刮板输送机、埋刮板输送机、小车输送机、悬挂输送机、斗式提升机、气力输送设备等。

专题二　机电工程专业技术

考点导图

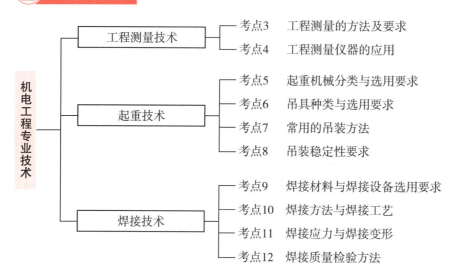

专题雷达图

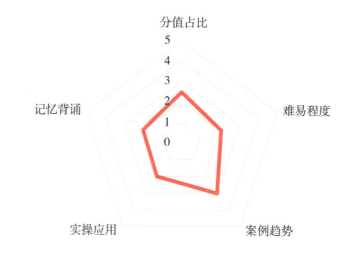

分值占比：本专题在机电实务考试中分值占比一般，平均每年10~15分。

难易程度：本专题内容简单，常识性内容较多，逻辑性较强，学习难度较小。

案例趋势：本专题是案例题考查内容之一，常围绕起重技术和焊接技术进行考查。

实操应用：本专题对于实操要求较低，围绕教材内容进行考查，比较简单。

记忆背诵：本专题常识性内容较多，因此多数内容无须死记硬背即可熟练掌握运用。

考点练习

考点3 工程测量的方法及要求 ★★

1.机电安装工程测量的基本程序中,不包括（　　）。
A.设置纵横中心线
B.仪器校准或鉴定
C.安装过程测量控制
D.设置基础标高基准点

【答案】B

【解析】机电工程测量的程序：确认永久基准线、点→设置基础纵横中心线→设置基础标高基准点→设置沉降观测点→安装过程测量控制→实测记录。

2.连续生产线上的设备安装标高测量应选用（　　）基准点。
A.简单标高
B.预埋标高
C.中心标板
D.木桩式标高

【答案】B

【解析】安装标高基准点一般有两种：一种是简单的标高基准点，另一种是预埋标高基准点。简单的标高基准点一般作为独立设备安装的基准点，预埋标高基准点主要是用于连续生产线上设备安装的标高基准点。

3.长输管线的中心定位主点不包括（　　）。
A.管线的起点
B.管线的中点
C.管线转折点
D.管线的终点

【答案】B

【解析】管线的起点、终点、转折点称为管道的主点。

4.关于长距离输电线路铁塔基础施工测量的说法，正确的是（　　）。
A.根据沿途实际情况测设铁塔基础
B.采用钢尺量距时的丈量长度适宜于80～100m
C.一段架空线路的测量视距长度不宜超过400m
D.在大跨越档距之间不宜采用解析法测量

【答案】C

【解析】长距离输电线路定位并经检查后，可根据起止点和转折点及沿途障碍物的实际情况，测设钢塔架基础中心桩，中心桩测定后采用十字线法或平行基线法进行控制；当采用钢尺量距时，其丈量长度在20～80m；一段架空送电线路，其测量视距长度不宜超过400m；在大跨越档距之间，通常采用电磁波测距法或解析法进行测量。

考点4　工程测量仪器的应用★★

1.安装控制网水平距离的测设常用的测量仪器是（　　）。

A.光学经纬仪　　　　　　　　　　　　B.全站仪

C.光学水准仪　　　　　　　　　　　　D.水平仪

【答案】B

【解析】采用全站仪进行水平距离测量，主要应用于建筑工程平面控制网水平距离的测量及测设、安装控制网的测设、建安过程中水平距离的测量等。

2.回转式设备及高塔体安装过程中的同轴度控制，常用的检测仪器是（　　）。

A.激光水准仪　　　　　　　　　　　　B.激光经纬仪

C.激光准直仪　　　　　　　　　　　　D.激光平面仪

【答案】C

【解析】激光准直仪和激光指向仪的主要功能是用来测量同心度。

3.机电设备安装中，光学经纬仪主要用来测量的参数包括（　　）。

A.中心线　　　　　　　　　　　　　　B.水平度

C.垂直度　　　　　　　　　　　　　　D.标高

E.水平距离

【答案】AC

【解析】经纬仪的主要功能是用来测量水平角、竖直角，纵、横中心线以及垂直度的控制测量。

考点5　起重机械分类与选用要求★★★

1.下列不属于轻小型起重设备的是（　　）。

A.千斤顶　　　　　B.卷扬机　　　　　C.起重滑车　　　　　D.平衡梁

【答案】D

【解析】轻小型起重设备包括千斤顶、滑车、起重葫芦、卷扬机。

2.下列起重机中，属于臂架型的有（　　）。

A.门式起重机　　　　　　　　　　　　B.塔式起重机

C.铁路起重机　　　　　　　　　　　　D.桅杆起重机

E.桥式起重机

【答案】BCD

【解析】A选项，门式和半门式起重机属于桥架型起重机；E选项，桥式起重机和梁式起重机属于桥架型起重机。

3.制定吊装技术方案时,应考虑的起重机的基本参数有（　　）。

A.额定起重量　　　　　　　　　　B.最大起升高度

C.工作速度　　　　　　　　　　　D.起重机自重

E.最大幅度

【答案】ABE

【解析】起重机的基本参数主要有吊装载荷、额定起重量、最大幅度、最大起升高度，这些参数是制定吊装技术方案的重要依据。

4.起重吊装工程中，履带起重机吊装载荷的组成有（　　）。

A.吊臂重量　　　　　　　　　　　B.被吊设备（含吊耳）重量

C.吊索重量　　　　　　　　　　　D.吊钩上部滑轮组钢丝绳重量

E.吊钩重量

【答案】BCDE

【解析】吊装载荷=被吊物的重量+吊索具的重量；履带起重机吊装载荷为被吊设备（包括加固、吊耳等）和吊索（绳扣）重量、吊钩滑轮组重量和从臂架头部垂下的起升钢丝绳重量的总和。

考点6　吊具种类与选用要求 ★★★

1.下列滑轮组中，宜采用双跑头顺穿的是（　　）。

A.3门滑轮组　　　　　　　　　　　B.4门滑轮组

C.6门滑轮组　　　　　　　　　　　D.7门滑轮组

【答案】D

【解析】根据门数确定穿绕方法，123（顺）/456（花）/789（双顺）。

2.吊装作业中，平衡梁的主要作用有（　　）。

A.保持被吊物的平衡状态

B.平衡或分配吊点的载荷

C.强制改变吊索受力方向

D.减小悬挂吊索钩头受力

E.调整吊索与设备间距离

【答案】ABCE

【解析】吊梁（平衡梁）的作用：（1）保持被吊件的平衡，避免吊索损坏设备；（2）减少吊件起吊时所承受水平向挤压力作用而避免损坏设备；（3）缩短吊索的高度，减少动滑轮的起吊高度；（4）构件刚度不满足而需要多吊点起吊受力时平衡和分配各吊点载荷；（5）转换吊点。

考点7　常用的吊装方法★★★

1.桥式起重机动载试运行时，试验载荷应为额定起重量的（　　）。

A.1.0倍　　　　　　B.1.1倍　　　　　　C.1.2倍　　　　　　D.1.25倍

【答案】B

【解析】本题考查的是设备单机试运行。起重机各机构的动载试运行应分别进行，各机构的动载试运行应在全行程上进行，试验荷载应为额定起重量的1.1倍。

2.下列关于利用构筑物做吊装的说法，正确的是（　　）。

A.对受力条件下的强度和稳定性进行校验

B.选择的受力点应经使用单位核算

C.直接捆绑的部位应该采取局部补强措施

D.柱角可以用角钢进行保护

E.施工时，吊装指挥人员应该对受力点的结构进行监视

【答案】ACD

【解析】利用构筑物吊装要求：编制专门吊装方案，应对承载的结构在受力条件下的强度和稳定性进行校核。选择的受力点和方案应征得设计人员的同意。对于通过锚固点或直接捆绑的承载部位，还应对局部采取补强措施；如采用大块钢板、枕木等进行局部补强，采用角钢或木方对梁或柱角进行保护施工时，应设专人对受力点的结构进行监视。

考点8　吊装稳定性要求★★★

1.起重吊装作业中，属于吊装系统的稳定性的主要内容的有（　　）。

A.起重机在额定工作参数下的稳定

B.多机吊装的同步协调

C.大型设备多吊点多机种的吊装指挥协调

D.设备或构件的整体稳定性

E.桅杆吊装的缆风绳稳定性

【答案】BCE

【解析】吊装系统失稳的主要原因：多机吊装的不同步；不同起重能力的多机吊装荷载分配不均；多动作、多岗位指挥协调失误；桅杆系统缆风绳、地锚失稳。

2.起重机械失稳的主要原因是（　　）。

A.机械故障　　　　　　　　　　　　　　B.超载

C.多机吊装不同步　　　　　　　　　　　D.行走速度快

E.支腿不稳定

【答案】ABE

【解析】起重机械失稳的主要原因有：机械故障、超载、支腿不稳定、起重臂杆仰角超限。

考点9　焊接材料与焊接设备选用要求★★★

1.按批号进行扩散氢复验的焊条主要应用于（　　）。

A.球罐焊接　　　　B.工业管道焊接　　　　C.钢结构焊接　　　　D.桥梁焊接

【答案】A

【解析】按批号进行扩散氢复验的焊条主要应用于球罐焊接。

2.某合金钢试件焊接，该试件属于整体结构复杂、刚性大的厚大焊件，其焊接选用的焊条应具备（　　）等特性。

A.抗裂性好　　　　　　　　　　　　　B.强度高

C.韧性好　　　　　　　　　　　　　　D.塑性高

E.刚性强

【答案】ACD

【解析】对结构形状复杂、刚性大的厚大焊件，在焊接过程中，冷却速度快，收缩应力大，易产生裂纹，应选用抗裂性好、韧性好、塑性高、氢致裂纹倾向低的焊条。

3.下列参数中，影响焊条电弧焊接线能量大小的有（　　）。

A.焊机功率　　　　　　　　　　　　　B.焊接电流

C.电弧电压　　　　　　　　　　　　　D.焊接速度

E.焊条直径

【答案】BCD

【解析】与焊接线能量有直接关系的因素包括焊接电流、电弧电压和焊接速度，焊接线能量的公式为：$q=IU/v$。

考点10　焊接方法与焊接工艺★★★

1.下列属于焊接工艺评定的作用的是（　　）。

A.验证施焊单位拟定焊接工艺的正确性　　　　B.评定施焊单位在限制条件下，焊接成合格接头的能力

C.用于直接指导焊接作业　　　　　　　　　　D.依据焊接工艺评定报告编制焊接作业指导书

E.制作焊接工艺卡

【答案】ABD

【解析】焊接工艺评定的作用是验证施焊单位拟定焊接工艺的正确性,并评定施焊单位在限制条件下,焊接成合格接头的能力。依据焊接工艺评定报告编制焊接作业指导书,用于指导焊工施焊和焊后热处理工作。

2.关于焊接工艺评定报告的说法,正确的有(　　)。

A.用于验证和评定焊接工艺方案的正确性

B.能直接用于指导生产

C.是编制焊接工艺指导书的依据

D.同一份焊接工艺评定可作为几份焊接工艺指导书的依据

E.多份焊接工艺评定可作为一份焊接工艺指导书的依据

【答案】ACDE

【解析】焊接工艺评定报告不能直接用于指导生产,它是编制焊接工艺指导书的依据,并用焊接工艺指导书指导生产。

考点11　焊接应力与焊接变形★★★

1.降低焊接应力的工艺措施,正确的有(　　)。

A.采用较大的焊接线能量

B.合理安排装配焊接顺序

C.层间进行锤击

D.预热拉伸补偿焊缝收缩

E.消氢处理

【答案】BCDE

【解析】降低焊接应力的工艺措施:合理安排装配焊接顺序,采用较小的焊接线能量,焊接高强钢时选用塑性较好的焊条,层间进行锤击,利用振动法消除焊接残余应力,预热拉伸补偿焊缝收缩(机械拉伸/加热拉伸),预热,焊后热处理,消氢处理。

2.预防焊接变形的装配工艺措施有(　　)。

A.采用合理的焊接线能量　　　　　　B.预留收缩余量法

C.合理安排焊缝位置　　　　　　　　D.合理选择装配程序

E.刚性固定法

【答案】BDE

【解析】预防焊接变形的装配工艺措施:合理选择装配程序、预留收缩余量法、反变形法、刚性固定法。

3.下列预防焊接变形的措施中,属于焊接工艺措施的有(   )。

A.用热源集中的焊接方法
B.焊前装配采用反变形法
C.应尽量减小焊接线能量
D.焊前应对坡口两侧预热
E.多名焊工沿相同方向施焊

【答案】AC

【解析】B选项,焊前装配采用反变形法属于装配工艺措施;D选项,焊前应对坡口两侧预热属于降低焊接应力的措施;E选项,对焊工的要求并不一定是沿相同方向施焊,也有可能是要对称相向施焊。

考点12　焊接质量检验方法★★★

1.下列焊接检验方法中,不属于非破坏性试验的是(   )。

A.弯曲试验
B.渗透试验
C.耐压试验
D.泄漏试验

【答案】A

【解析】非破坏性试验:外观检查、无损检测、耐压试验、泄漏试验。

2.下列关于焊后质量检测的说法,正确的是(   )。

A.磁粉检测和射线检测属于表面无损检测方法
B.焊缝的外观和几何尺寸必须符合设计要求
C.工业管道焊接接头热处理后应测量硬度值
D.焊缝表面允许出现少量的裂纹和表面气孔
E.焊缝的内部无损检测包含渗透无损检测

【答案】BC

【解析】A、E选项,表面无损检测方式:磁粉检测、渗透检测。内部无损检测方式:射线检测、超声波检测。D选项,焊缝表面不允许存在的缺陷:裂纹、未焊透、未熔合、表面气孔、外露夹渣、未焊满。

专题三　建筑机电工程施工技术

考点导图

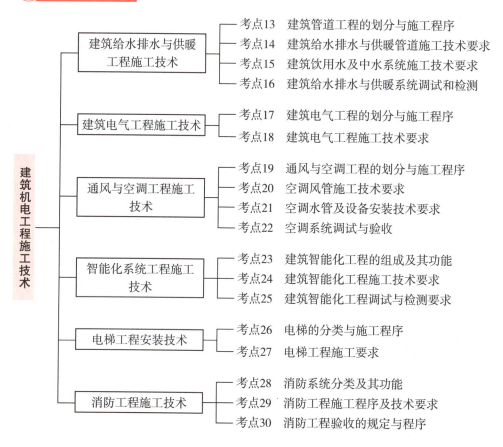

专题雷达图

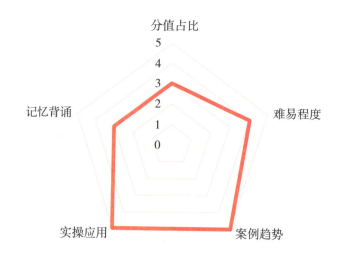

分值占比：本专题在机电实务考试中分值占比较高，平均每年25~35分。

难易程度：本专题内容较多且难度较大，需要不断巩固强化。

案例趋势：本专题是案例题重点考查内容之一，如建筑管道、建筑电气、通风空调等均属于必考必会内容。

实操应用：本专题对于实操要求极高，且经常会以图表分析题的形式进行考查。

记忆背诵：本专题与日常生活关联紧密，但某些内容仍须记忆才能满足考试的需要。

考点练习

考点13 建筑管道工程的划分与施工程序★

1.在室内给水管道施工程序中，管道加工预制的紧后工序是（　　）。

A.给水设备安装　　　　　　　　　　B.管道及配件安装

C.管道连接　　　　　　　　　　　　D.管道支吊架安装

【答案】A

【解析】室内给水管道施工程序：施工准备→预留、预埋→管道测绘放线→管道元件检验→管道支吊架制作安装→管道加工预制→给水设备安装→管道及配件安装→系统水压试验→防腐绝热→系统通水试验→系统冲洗、消毒。

2.在室外排水管道施工程序中，防腐的紧前工作是（　　）。

A.系统清洗　　　　B.系统通水试验　　　　C.管道安装　　　　D.系统严密性试验

【答案】D

【解析】室外排水管网施工程序：施工准备→测量放线→管沟、井池施工→管道元件检验→管道支架制作安装（或垫层施工）→管道预制→管道安装→系统严密性试验→防腐→系统通水试验→管沟回填。

考点14 建筑给水排水与供暖管道施工技术要求★★★

1.管道系统中需要经常拆卸的部位应该采用的连接方式是（　　）。

A.焊接连接　　　　B.法兰连接　　　　C.热熔连接　　　　D.螺纹连接

【答案】B

【解析】直径较大的管道采用法兰连接，法兰连接一般用在主干管道连接阀门、水表、水泵等处，以及需要经常拆卸和检修的管段上。

2.关于高层建筑管道施工原则的说法，正确的是（　　）。
    A.给水管让排水管　　B.大管让小管　　C.水管让电缆套管　　D.钢质管让塑料管

【答案】A

【解析】管道安装一般应本着先主管后支管、先上部后下部、先里后外的原则进行安装，对于不同材质的管道应先安装钢质管道，后安装塑料管道。

3.安装坡度要求最大的采暖管道是（　　）。
    A.热水采暖管道
    B.蒸汽管道
    C.散热器支管
    D.蒸汽凝结水管道

【答案】C

【解析】汽、水同向流动的热水采暖管道和汽、水同向流动的蒸汽管道及凝结水管道，坡度应为3‰，不得小于2‰；汽、水逆向流动的热水采暖管道和汽、水逆向流动的蒸汽管道，坡度不应小于5‰；散热器支管的坡度应为1%，坡向应利于排气和泄水。

4.关于低温热水辐射供暖系统盘管埋地敷设的说法，正确的是（　　）。
    A.采用螺纹连接　　B.不应设置接头　　C.采用焊接连接　　D.采用卡压连接

【答案】B

【解析】低温热水辐射供暖系统埋地敷设的盘管不应有接头。

5.高层建筑排水管道按设计要求应设置（　　）。
    A.阻火圈
    B.防火套管
    C.压力表
    D.伸缩节
    E.安全阀

【答案】ABD

【解析】排水塑料管必须按设计要求及位置装设伸缩节。高层建筑中明设排水管道应按设计要求设置阻火圈或防火套管。高层建筑排水通气管应按防雷要求设置防雷装置。

6.下列建筑管道元件检查中，应全数检验的有（　　）。
    A.同一检验批内同型号阀门的强度检查
    B.同一检验批内的三通的强度试验
    C.支管上球阀的强度试验
    D.主干管上闸阀的强度试验

【答案】D

【解析】阀门安装前，应做强度和严密性试验。试验应在每批（同牌号、同型号、同规格）数量中抽查10%，且不少于1个。对于安装在主干管上起切断作用的闭路阀门，应逐个做强度和严密性试验。

7.关于建筑室内给水管道支吊架安装的说法，正确的有（　　）。
    A.滑动支架的滑托与滑槽应有3～5mm间隙
    B.无热伸长管道的金属管道吊架应垂直安装
    C.有热伸长管道的吊架应向热膨胀方向偏移
    D.6m高楼层的金属立管管卡每层不少于2个
    E.塑料管道与金属支架之间应加衬非金属垫

【答案】ABDE

【解析】A选项和B选项为教材中原话；C选项，有热伸长管道的吊架、吊杆应向热膨胀的反方向偏移，因此C选项错误；D选项，楼层高度大于5m，每层不得少于2个管卡，因此D选项正确；E选项，采用金属制作的管道支架，应在管道与支架间加衬非金属垫或套管，因此E选项正确。

考点15　建筑饮用水及中水系统施工技术要求 ★★

1.直饮水系统的管道不应选用（　　）。

A.薄壁不锈钢管　　　B.铜管　　　C.优质钢塑复合管　　　D.镀锌钢管

【答案】D

【解析】建筑直饮水系统的管道应选用薄壁不锈钢管、铜管或其他符合食品级要求的优质给水塑料管和优质钢塑复合管。开水管道应选用工作温度大于100℃的金属管道。

2.关于中水给水系统的安装要求，正确的有（　　）。

A.中水管道每层须装设一个水嘴　　　B.便器冲洗宜采用密闭型器具

C.中水管道外壁应涂浅绿色标志　　　D.中水管道不宜暗装于墙体内

E.中水箱可与生活水箱紧靠放置

【答案】BCD

【解析】A选项，中水给水管道不得装设取水水嘴；E选项，中水高位水箱应与生活高位水箱分设在不同的房间内，如条件不允许只能设在同一房间时，与生活高位水箱的净距离应大于2m。

考点16　建筑给水排水与供暖系统调试和检测

1.关于建筑管道工程系统试验的说法，正确的是（　　）。

A.管道的压力试验应在无损检测前进行

B.通球试验的球径不小于排水管径的2/3

C.高层建筑管道施工结束后应立即进行整体试验

D.室内埋地排水管道投用前必须做灌水试验

【答案】B

【解析】A选项，管道安装完毕，热处理和无损检测合格后，进行压力试验；C选项，高层建筑管道应分区、分段进行试验，合格后再按系统进行整体试验；D选项，室内隐蔽或埋地的排水管道在隐蔽前必须做灌水试验，而非在使用前做灌水试验。

2.敞口水箱满水试验的静置观察时间至少是（　　）。

A.12h　　　B.24h　　　C.36h　　　D.48h

【答案】B

【解析】敞口水箱安装前应做满水试验，静置24h观察，应不渗不漏；密闭水箱安装前应以工作压力的1.5倍做水压试验，试验压力下10min应压力不降、不渗不漏。

3.关于建筑管道给水管道元件检验的说法，错误的是（　　）。

A.进场时应做检查验收，并经项目技术负责人核查确认

B.生活给水系统的软接头一般采用橡胶软接头

C.不锈钢软接头很难达到饮用水标准

D.阀门安装前，应做强度和严密性试验

E.阀门的强度试验压力为公称压力的1.5倍

【答案】ABC

【解析】A选项，进场时应做检查验收，并经监理工程师核查确认；B选项，生活给水系统的软接头一般采用不锈钢软接头；C选项，橡胶软接头很难达到饮用水卫生标准。

考点17　建筑电气工程的划分与施工程序 ★

1.干式变压器的施工程序中，变压器本体安装的紧后工序是（　　）。

A.吊芯检查　　　　B.交接试验　　　　C.附件安装　　　　D.送电前检查

【答案】C

【解析】干式变压器的施工程序：开箱检查→变压器二次搬运→变压器本体安装→附件安装→变压器交接试验→送电前检查→送电运行验收。

2.配电柜施工程序中，母线连接的紧后工序是（　　）。

A.基础框架制作安装　　B.二次线路连接　　C.柜体固定　　D.试验调整

【答案】B

【解析】配电柜（开关柜）施工程序：开箱检查→二次搬运→基础框架制作安装→柜体固定→母线连接→二次线路连接→试验调整→送电运行验收。

考点18　建筑电气工程施工技术要求 ★★★

1.关于接闪带安装要求的说法，正确的是（　　）。

A.固定支架高度不小于100mm　　　　　　B.固定支架能承受39N的拉力

C.接闪带的安装固定必须焊接　　　　　　D.在变形缝处的跨接有补偿措施

【答案】D

【解析】接闪线和接闪带安装应平正顺直、无急弯；固定支架高度不宜小于150m；每个固定支架应能承

受49N的垂直拉力；接闪带或接闪网在过建筑物变形缝处的跨接应有补偿措施。

2.在动力工程中，柔性导管敷设的要求有（ ）。

A.金属柔性导管可作为接地保护导体　　B.长度不宜大于1.2m

C.与刚性导管连接应采用专用接头　　　D.长度不宜大于0.8m

E.管卡与设备边缘距离小于0.3m

【答案】CDE

【解析】柔性导管不可作为保护导体；与刚性连接采用专用接头；明配柔性导管固定间距≤1m；管卡与设备边缘距离小于0.3m。长度：动力工程≤0.8m；照明工程≤1.2m。

3.关于导管内穿线和槽盒内敷线的说法，正确的有（ ）。

A.同一交流回路导线可穿入不同金属导管内

B.不同电压等级的导线不能穿在同一导管内

C.同一槽盒内不宜同时敷设绝缘导线和电缆

D.导管内的导线接头应设置在专用接线盒内

E.垂直安装的槽盒内导线敷设不用分段固定

【答案】BCD

【解析】同一交流回路的绝缘导线不应敷设于不同的金属槽盒或穿于不同的金属导管内；当垂直敷设时，应将绝缘导线分段固定在槽盒内的专用部件上，每段至少应有一个固定点。

4.100kg灯具的悬吊装置载荷强度试验的要求有（ ）。

A.悬吊装置按300kg恒定均布载荷做强度试验

B.按500kg恒定均布载荷做强度试验

C.强度试验持续时间不得少于10min

D.强度试验持续时间不得少于15min

E.全数检查悬吊装置的载荷强度试验记录

【答案】BDE

【解析】质量大于10kg的灯具固定装置应按灯具重量的5倍恒定均布载荷做强度试验；持续时间不少于15min，检查时全数检查试验记录。

5.下列灯具中，需要与保护导体连接的有（ ）。

A.离地5m的Ⅰ类灯具　　　　　　　　B.采用36V供电的灯具

C.地下一层的Ⅲ类灯具　　　　　　　D.等电位联结的灯具

E.采取隔离变压器供电的灯具

【答案】AD

【解析】A选项，Ⅰ类灯具必须接地；C选项，Ⅲ类灯具不需要接地；B、E选项，Ⅲ类灯具不允许接地；D选项，等电位联结的外露可导电部分或外界可导电部分的接地应连接可靠。

考点19　通风与空调工程的划分与施工程序 ★

1.工作压力为1200Pa的风管，属于（　　）压力等级的风管。

A.微压
B.低压
C.中压
D.高压

【答案】C

【解析】中压风管压力等级：500Pa<P≤1500Pa或-1000Pa≤P<-500Pa。

2.金属风管安装程序中，风管调整的紧后工序是（　　）。

A.漏风量测试
B.组合连接
C.风管检查
D.质量检查

【答案】A

【解析】金属风管安装程序：测量放线→支吊架制作→支吊架定位安装→风管检查→组合连接→风管调整→漏风量测试→质量检查。

考点20　空调风管施工技术要求 ★★★

1.关于通风空调系统风管安装技术要求的说法，正确的是（　　）。

A.风口、阀门处要设置支吊架并加固补强
B.当管线穿过风管时，要注意穿过部位的密封处理
C.风管与风机连接处，应采用柔性短管连接
D.室外立管的固定拉索可依就近原则固定在避雷引下线上

【答案】C

【解析】A选项，支吊架的设置不应影响阀门、自控机构的正常动作，且不应设置在风口、检查门处，与风口和分支管的距离不宜小于200mm；B选项，风管内严禁其他管线穿越；D选项，室外风管系统的拉索等金属固定件严禁与避雷针或避雷网连接。

2.风管制作安装完成后，必须对风管的（　　）进行严密性检验。

A.板材
B.咬口缝
C.铆接孔
D.法兰翻边
E.管段接缝

【答案】BCDE

【解析】风管系统完装后，必须进行严密性检验，主要检验风管、部件制作加工后的咬口缝、铆接孔、风管的法兰翻边、风管管段之间的连接严密性，检验以主、干管为主，检验合格后方能交付下道工序。

考点21　空调水管及设备安装技术要求 ★★★

1.关于风机盘管的说法，不正确的是（　　）。

A.风机盘管应设置独立的支吊架

B.风机盘管安装前应进行水压试验，试验压力为系统工作压力的1.2倍

C.风机盘管机组应对供冷量、功率以及噪声等进行复验

D.风机盘管安装前应进行风机三速试运转试验

【答案】B

【解析】风机盘管安装前应进行水压试验，试验压力为系统工作压力的1.5倍。

2.关于冷却塔的安装要求的说法，正确的是（　　）。

A.冷却塔部件与基座的连接可以采用镀锌或者不锈钢螺栓

B.进风侧距建筑物应大于1.2m

C.冷却塔与管道连接应在管道冲洗之前进行

D.冷却塔安装应水平，单台冷却塔的水平度允许偏差为2‰

E.多台冷却塔安装时，应排列整齐，高度偏差不应大于30mm

【答案】ADE

【解析】B选项，进风侧距建筑物应大于1m；C选项，冷却塔与管道连接应在管道冲（吹）洗之后进行。

考点22　空调系统调试与验收 ★★★

1.通风与空调系统经平衡调整后，各风口的总风量与设计风量的允许偏差不应大于（　　）。

A.5%　　　　　　B.10%　　　　　　C.15%　　　　　　D.20%

【答案】C

【解析】各风口的总风量与设计风量的允许偏差不应大于15%。

2.关于通风与空调系统进行试运行与调试的说法，正确的有（　　）。

A.设备单机试运行前进行口头安全技术交底

B.通风系统的连续试运行应不少于2h

C.空调系统带冷（热）源的连续试运行应不少于8h

D.系统总风量的实测值与设计风量的偏差允许值不应大于10%

E.空调冷（热）水总流量测试结果与设计流量的偏差不应大于10%

【答案】BCE

【解析】设备单机试运行安全保证措施要齐全、可靠，并有书面的安全技术交底。系统总风量调试结果与设计风量的允许偏差应为-5%～+10%。

考点23　建筑智能化工程的组成及其功能 ★★

1.关于建筑设备监控系统输入设备安装的说法，正确的是（　　）。
A.铂温度传感器的接线电阻应小于1Ω
B.电磁流量计应安装在流量调节阀的下游
C.风管型传感器应在风管保温层完成前安装
D.涡轮式流量传感器应垂直安装
【答案】A
【解析】B选项，电磁流量计应安装在流量调节阀的上游；C选项，风管型传感器安装应在风管保温层完成后进行；D选项，涡轮式流量传感器应水平安装。

2.空调设备的自动监控系统中，常用的温度传感器类型有（　　）。
A.1kΩ铜电阻　　　　　　　　　　B.1kΩ铝电阻
C.1kΩ镍电阻　　　　　　　　　　D.1kΩ铂电阻
E.1kΩ银电阻
【答案】CD
【解析】温度传感器常用的有风管型和水管型，由传感元件和变送器组成，以热电阻或热电偶作为传感元件，有1kΩ镍电阻、1kΩ和100Ω铂电阻等类型。

3.调节阀中的电动执行机构的输出方式有（　　）。
A.直行程　　　　　　　　　　　　B.角行程
C.步进式　　　　　　　　　　　　D.开关式
E.多转式
【答案】ABE
【解析】电动执行机构输出方式有直行程、角行程和多转式，分别同直线移动的调节阀、旋转的蝶阀、多转的调节阀配合工作。

考点24　建筑智能化工程施工技术要求 ★★

1.建筑智能化工程中，电动阀门安装前应进行的试验是（　　）。
A.模拟动作试验　　　　　　　　　B.阀门行程试验
C.关紧力矩试验　　　　　　　　　D.直流耐压试验
【答案】A
【解析】电磁阀、电动调节阀安装前，应按说明书规定检查线圈与阀体间的电阻，进行模拟动作试验和压力试验。

2.关于建筑设备监控系统产品的说法，正确的是（   ）。

A.选择产品时需要考虑品牌及生产地　　B.接口技术文件应符合设计要求

C.接口测试文件应符合设计要求　　　　D.链路搭建属于接口技术文件的内容

E.接口类型与数量属于接口测试文件的内容

【答案】AC

【解析】（1）接口技术文件符合合同要求，内容包括接口概述、接口框图、接口位置、接口类型与数量、接口通信协议、数据流向、接口责任边界；（2）接口测试文件符合设计要求，内容包括链路搭建、测试仪器仪表、测试方法、测试内容、测试结果评判。

3.敷设光缆的技术要求包括（   ）。

A.光缆的牵引力应加在所有的光纤芯上　　B.光缆的牵引力不应小于光缆允许张力的80%

C.光缆的牵引速度宜为10～15m/min　　　　D.光纤接头的预留长度不应小于8m

E.敷设中光缆最小动态弯曲半径应大于光缆外径的20倍

【答案】CDE

【解析】敷设光缆时，其最小动态弯曲半径应大于光缆外径的20倍；光缆的牵引端头应做好技术处理，可采用自动控制牵引力的牵引机进行牵引；牵引力应加在加强芯上，其牵引力不应超过光缆允许张力的80%；牵引速度宜为10～15m/min；一次牵引的直线长度不宜超过1km，光纤接头的预留长度不应小于8m。

考点25　建筑智能化工程调试与检测要求 ★★

1.下列系统调试检测内容中，属于变配电系统调试检测的有（   ）。

A.变压器超温报警　　　　　　　B.配电线路直流电阻

C.储油罐液位监视　　　　　　　D.发电机组供电电流

E.不间断电源状态

【答案】ACDE

【解析】配电线路直流电阻不属于变配电系统调试检测的内容。

2.关于建筑智能化系统调试检测的说法，正确的有（   ）。

A.建筑智能化系统调试工作应由项目专业技术负责人主持

B.系统检测程序应是分部工程→子分部工程→分项工程

C.系统试运行工作应在智能化系统检测完成后进行

D.系统检测汇总记录应由监理工程师填写并作出检测结论

E.系统检测方案经项目监理工程师批准后可以实施

【答案】AE

【解析】B选项，系统检测程序应是分项工程→子分部工程→分部工程；C选项，系统检测应在系统试运行合格后进行；D选项，系统检测汇总记录应由检测小组填写，检测负责人作出检测结论，监理（建设）单位的监理工程师（项目专业技术负责人）签字确认。

考点26 电梯的分类与施工程序★★

1.下列工程中，不属于液压电梯安装工程的是（　　）。

A.补偿装置安装　　　　B.悬挂装置安装　　　　C.导轨安装　　　　D.对重（平衡重）安装

【答案】A

【解析】液压电梯安装子分部工程是由设备进场验收、土建交接检验、液压系统、导轨、门系统、轿厢、对重（平衡重）、安全部件、悬挂装置、随行电缆、电气装置、整机安装验收等分项工程组成。

2.下列电梯安装工程文件中，应由电梯制造单位提供的是（　　）。

A.电梯安装告知书　　　B.电梯安装许可证　　　C.电梯安装方案　　　D.电梯维修说明书

【答案】D

【解析】A、B、C选项均应由电梯安装单位提供，除此之外，电梯安装单位还应提供施工现场作业人员持有的特种设备作业证。

3.关于电梯的说法，正确的是（　　）。

A.运行速度为1.5m/s的电梯属于高速电梯

B.电梯安装单位应对电梯进行校验

C.电梯校验和调试符合要求后，并经监督检验合格，可以交付使用

D.曳引式电梯从空间占位上分为机房、井道、轿厢、层站

E.自动扶梯的分项工程包括设备进场验收、土建交接验收、整机安装验收和门系统安装

【答案】CD

【解析】A选项，运行速度为1.5m/s的电梯属于中速电梯；B选项，对电梯进行校验的单位应该是制造单位；E选项，自动扶梯的分项工程包括设备进场验收、土建交接验收、整机安装验收。

考点27 电梯工程施工要求★★

1.电梯设备进场验收的随机文件不包括（　　）。

A.电梯安装方案　　　　B.设备装箱单　　　　C.电气原理图　　　　D.土建布置图

【答案】A

【解析】电梯设备随机文件包括土建布置图，产品出厂合格证，门锁装置、限速器、安全钳及缓冲器等保证电梯安全部件的型式检验证书复印件，设备装箱单，安装、使用维护说明书，动力电路和安全电路的电气原理图。

2.在自动扶梯空载制动试验中,应检查符合标准规范要求的是( )。

A.制动载荷　　　　B.制动方法　　　　C.空载速度　　　　D.制停距离

【答案】D

【解析】自动扶梯、自动人行道应进行空载制动试验,制停距离应符合标准规范的要求。

3.关于电梯井道内设置永久性电气照明的要求,正确的是( )。

A.井道照明电压采用220V电压　　　　B.井道内照度不得小于50lx

C.井道最高点0.5m内装设一盏灯　　　D.井道最低点0.5m内装设一盏灯

E.井道中间灯的间距不超过7m

【答案】BCDE

【解析】井道内应设置永久性电气照明,井道照明电压宜采用36V安全电压,井道内照度不得小于50lx,井道最高点和最低点0.5m内各装一盏灯,中间灯间距不超过7m,并分别在机房和底坑设置开关。

考点28　消防系统分类及其功能 ★★

1.以下仓库,可以使用自动喷水灭火系统的是( )。

A.聚乙烯储备仓库　　　　　　　　　B.锌粉储存仓库

C.低亚硫酸钠仓库　　　　　　　　　D.碳化钙仓库

【答案】A

【解析】储存锌粉、碳化钙、低亚硫酸钠等遇水燃烧物品的仓库不得设置室内外消防给水系统。

2.下列选项中,属于开式系统的是( )。

A.干式系统　　　　B.预作用系统　　　　C.重复启闭系统　　　　D.水幕系统

【答案】D

【解析】A、B、C选项,均属于闭式系统。

考点29　消防工程施工程序及技术要求 ★★★

1.在消火栓系统施工程序中,消火栓箱体安装固定的紧后工序是( )。

A.支管安装　　　　B.附件安装　　　　C.管道试压　　　　D.管道冲洗

【答案】B

【解析】消火栓系统施工程序:施工准备→干管安装→立管和支管安装→箱体稳固→附件安装→强度和严密性试验→冲洗→系统调试。

2.自动喷水灭火系统的施工程序中,管道试压的紧后工序是( )。

A.喷洒头安装　　　　　　　　　　　B.管道冲洗

C.报警阀安装 　　　　　　　　　　　　D.减压装置安装

【答案】B

【解析】自动喷水灭火系统施工程序：施工准备→干管安装→报警阀安装→立管安装→分层干、支管安装→喷洒头支管安装→管道试压→管道冲洗→减压装置安装→报警阀配件及其他组件安装→喷洒头安装→系统通水调试。

3.关于自动喷水灭火系统喷头安装要求的说法，正确的是（　　）。

A.应在系统试压前安装　　　　　　　　B.安装时可对喷头进行拆装

C.可给喷头装饰性涂层　　　　　　　　D.不得利用喷头的框架施拧

E.应在管道冲洗合格以后安装

【答案】DE

【解析】喷头安装应在系统试压、冲洗合格后进行；安装时不得对喷头进行拆装、改动，并严禁给喷头附加任何装饰性涂层；喷头安装应使用专用扳手，严禁利用喷头的框架施拧；喷头的框架、溅水盘产生变形或释放元件损伤时，应采用规格、型号相同的喷头更换。

考点30　消防工程验收的规定与程序★★

1.下列总面积在1000～2000m²的建筑场所，应申请消防验收的是（　　）。

A.博物馆的展示厅　　　　　　　　　　B.大学的食堂

C.中学的教学楼　　　　　　　　　　　D.医院的门诊楼

【答案】C

【解析】A选项，博物馆的展示厅建筑总面积大于20000m²时应申请消防验收；B、D选项，大学的食堂和医院的门诊楼建筑总面积大于2500m²时应申请消防验收。

2.按照国家工程建设消防技术标准的规定，建设单位在验收后应当报消防部门备案的工程是（　　）。

A.建筑总面积10000m²的广播电视楼

B.建筑总面积800m²的中学教学楼

C.建筑总面积550m²的卡拉OK厅

D.建筑总面积20000m²的客运车站候车室

【答案】B

【解析】国务院公安部门规定的大型的人员密集场所和其他特殊的建设工程，建设单位应当向公安消防部门申请消防验收。其他建设工程建设单位在验收后应当报公安消防部门备案，公安消防部门应该进行抽查。

案例专项

【案例一】

【背景资料】

某项目管道工程,内容包括建筑生活给水排水系统、消防水系统和空调水系统的施工。某分包单位承接该任务后,编制了施工方案、施工进度计划(见表3-1中细实线)、劳动力配置计划(见表3-2)和材料采购计划等。

施工进度计划在审批时被否定,原因是生活给水与排水系统的先后顺序违反了施工原则,分包单位调整了该顺序,见表3-1中粗实线。

施工中,采购的第一批阀门(见表3-3)按计划到达施工现场,施工人员对阀门开箱检查,按规范要求进行了强度试验和严密性试验,主干管上起切断作用的DN400、DN300的阀门和其他规格的阀门抽查均无渗漏,验收合格。

在水泵施工质量验收时,监理人员指出水泵进水管接头和压力表接管的安装存在质量问题,如图3-1所示,要求施工人员返工,返工后质量验收合格。

建筑生活给水排水系统、消防水系统和空调水系统安装后,分包单位在单机及联动试运行中,及时与其他各专业工程施工人员协调配合,完成联动试运行,工程质量验收合格。

表3-1 建筑生活给水排水、消防和空调水系统施工进度计划表

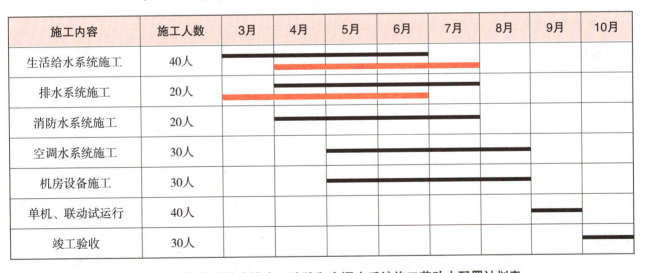

表3-2 建筑生活给水排水、消防和空调水系统施工劳动力配置计划表

月份	3月	4月	5月	6月	7月	8月	9月	10月
施工人数	40人	80人	140人	140人	100人	60人	40人	30人

表3-3 阀门规格数量（单位：个）

名称	公称压力	DN400	DN300	DN250	DN200	DN150	DN125	DN100
闸阀	1.6MPa	4	8	16	24	—	—	—
球阀	1.6MPa	—	—	—	—	38	62	84
蝶阀	1.6MPa	—	—	16	26	12	—	—
合计	—	4	8	32	50	50	62	84

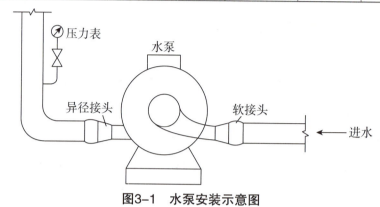

图3-1 水泵安装示意图

【问题】

1.劳动力计划调整后，3月份和7月份的施工人数分别是多少？劳动力优化配置的依据有哪些？

2.第一批进场的阀门按规范要求最少应抽查多少个进行强度试验？其中，DN300的闸阀的强度试验压力应为多少MPa？最短持续时间是多少？

3.图3-1中所示水泵运行时会产生哪些不良后果？绘出合格的返工部分示意图。

4.本工程在联动试运行中需要与哪些专业系统配合协调？

【答题区】

参考答案

1.（1）劳动力配置计划调整后，3月份的施工人数是20人，7月份的施工人数是120人，即40+20+30+30=120（人）。

（2）劳动力优化配置的依据：项目所需劳动力的种类及数量；项目的施工进度计划；项目的劳动力资源供应环境。

2.（1）第一批进场的阀门按规范要求最少应抽查44个进行强度试验，即4+8+2+3+4+7+9+2+3+2=44（个）。

（2）DN300的闸阀的强度试验压力应为2.4MPa，即1.6×1.5=2.4（MPa）。

（3）DN300的闸阀的强度试验最短持续时间是180s。

3.（1）根据背景资料图3-1中所示情况，水泵运行时会产生以下不良后果：

①进水管的同心异径接头会形成气囊。

②压力表没有设置表弯会受到压力冲击而损坏。

（2）合格的返工部分示意图如图3-2所示：

图3-2 合格的返工部分示意图

4.本工程在联动试运行中，需要与建筑电气系统、通风空调系统、火灾自动报警及消防联动控制系统以及建筑装饰专业配合协调。

【案例二】

【背景资料】

某施工单位中标某大型商业广场，地下3层为车库、1~6层为商业用房、7~28层为办公用房，中标价为2.2亿元，工期300天，工程内容包括配电、照明、通风空调、管道、设备安装等。

主要设备（如冷水机组、配电柜、水泵、阀门）均由建设单位指定产品，施工单位负责采购，其余设备材料均由施工单位自行采购。

施工单位项目部进场后，编制了施工组织设计和各专项施工方案。由于设备布置在主楼三层设备间，因此采用了设备先垂直提升到三楼，再水平运输至设备间的运输方案。设备水平运输时，使用混凝土结构柱做牵引受力点，并绘制了设备水平运输示意图（如图3-3所示），报监理单位及建设单位后被否定。

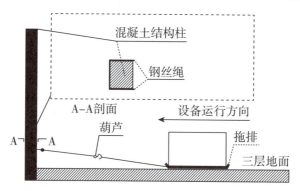

图3-3 设备水平运输示意图

施工现场临时用电计量的电能表，经地级市授权的计量检定机构检定合格，供电部门检查后提出电能表不准使用，要求重新检定。

在设备制造合同签订后，项目部根据监造大纲，编制了设备监造周报和监造月报，安排了专业技术人员驻厂监造，并设置了监督点。

设备制造完毕，因运输问题导致设备延期5天运到施工现场。

施工期间，当地发生地震，造成工期延误20天，项目部应建设单位要求，为防止损失扩大，直接投入抢险费用50万元；外用工因待遇低而怠工，造成工期延误3天；在调试时，因运营单位技术人员误操作，造成冷水机组的冷凝器损坏，回厂修复，直接经济损失20万元，工期延误40天。

项目部在给水系统试压后，仍用试压用水（氯离子含量为30ppm）对不锈钢管道进行冲洗；在系统试运行正常后，工程于2015年9月竣工验收。

2017年4月给水系统的部分阀门漏水，施工单位以阀门是建设单位指定的产品为由拒绝维修，但被建设单位否定，施工单位派出人员对阀门进行了维修。

【问题】

1. 设备运输方案被监理单位和建设单位否定的原因何在？如何改正？
2. 检定合格的电能表为什么不能使用？
3. 计算本工程可以索赔的工期和费用。
4. 项目部采用的试压及冲洗用水是否合格？说明理由。说明建设单位否定施工单位拒绝阀门维修的理由。

参考答案

1.设备运输方案被监理单位和建设单位否定的原因及改正措施如下：

（1）设备的牵引绳不能直接绑扎在混凝土结构柱上，应在混凝土柱四角使用木方（或角钢）对混凝土柱进行保护。

（2）牵引绳采用结构柱为受力点，须报原设计单位校验同意后实施。

2.检定合格的电能表是电费结算的依据，必须经省级计量行政主管部门依法授权的计量检定机构进行检定，合格后才能使用。

3.本工程可以索赔的工期和费用计算如下：

（1）本工程可以索赔的工期：20+40=60（天）。

（2）本工程可以索赔的费用：50+20=70（万元）。

4.（1）项目部采用的试压及冲洗用水不合格；不锈钢管道的试压及冲洗用水均应使用洁净水，且水中氯离子的含量均不应超过25ppm。

（2）建设单位否定施工单位拒绝阀门维修的理由：阀门虽为建设单位指定产品，但是阀门合同的签订及采购均是由施工单位负责；该工程尚处于保修期内，因此施工单位应负责维修。

【案例三】

【背景资料】

某项目机电工程由某安装公司承接，该项目地上10层，地下2层，工程范围主要是防雷接地装置、变配电室、机房设备和室内电气系统等的安装。

工程利用建筑物金属铝板屋面及其金属固定支架作为接闪器，并用混凝土柱内两根主筋作为防雷引下线，引下线与接闪器及接地装置的焊接连接可靠。但在测量接地装置的接地电阻时，接地电阻偏大，未达到设计要求，安装公司采取了降低接地电阻的措施后，书面通知监理工程师进行隐蔽工程验收。

变配电室位于地下二层，变配电室的主要设备（如三相干式变压器、手车式开关柜和抽屉式配电柜）由业主采购，其他设备、材料由安装公司采购。

在变配电室的低压母线处和各弱电机房电源配电箱处均设置电涌保护器（SPD），电涌保护器的接线形式满足设计要求，接地导线和连接导线均符合要求。

变配电室设备安装合格，接线正确，设备机房的配电线路敷设采用柔性导管与动力设备连接，符合规范要求。

在签订合同时，业主还与安装公司约定，提前一天完工奖励5万，延后一天罚款5万，赶工时间及赶工费用见表3-4；变配电室设备进场后，变压器因保管不当受潮，干燥处理增加费用3万，最终安装公司在约定送电前提前6d完工，验收合格。

在工程验收时还对开关等设备进行抽样检验，主要使用功能符合相应规定。

表3-4 赶工时间及赶工费用

序号	工作内容	计划费用（万元）	赶工时间（天）	赶工费用（万元/天）
1	基础框架安装	10	2	1
2	接地干线安装	5	2	1
3	桥架安装	20	—	—
4	变压器安装	10	—	—
5	开关柜配电柜安装	30	3	2
6	电缆敷设	90	—	—
7	母线安装	80	—	—
8	二次线路敷设	5	—	—
9	试验调整	30	3	2
10	计量仪表安装	4	—	—
11	检查验收	2	—	—

【问题】

1. 防雷引下线与接闪器及接地装置还可以有哪些连接方式？写出本工程降低接地电阻的措施。
2. 送达监理工程师的隐蔽工程验收通知书应包括哪些内容？
3. 柔性导管长度与电气设备连接有哪些要求？

4.列式计算变配电室工程的成本降低率。

答题区

参考答案

1.（1）防雷引下线与接闪器还可以采用卡接器连接；防雷引下线与接地装置还可以采用螺栓连接。

（2）本工程降低接地电阻的措施包括添加降阻剂、换土、设置接地模块。

2.送达监理工程师的隐蔽工程验收通知书应包括隐蔽验收的内容、隐蔽方式、验收时间和验收地点。

3.柔性导管长度与电气设备连接，在动力工程中不大于0.8m，在照明工程中不大于1.2m，且连接处应采用专用接头。

4.变配电室工程的成本降低率计算如下：

计划费用：10+5+20+10+30+90+80+5+30+4+2=286（万元）。

赶工费用：2×1+2×1+3×2+3×2=16（万元）。

提前6天完工奖励费用：6×5=30（万元）。

赶工后实际费用：286+16+3-30=275（万元）。

变配电室工程成本降低率=（计划成本-实际成本）/计划成本=（286-275）/286=3.85%。

【案例四】

【背景资料】

某机电工程公司承接北方某城市一高档办公楼机电安装工程,建筑面积16万m²,地下3层,地上24层,内容包括通风空调工程、给水排水及消防工程、电气工程。

本工程空调系统设置类型如下:

(1)首层大堂采用全空气定风量可变新风空调系统。

(2)裙楼二层、三层报告厅采用风机盘管与新风处理系统。

(3)三层以上办公区采用变风量VAV空调系统。

(4)网络机房和UPS室采用精密空调系统。

在地下室出入口区域、计算机房和资料室区域设置消防预作用灭火系统,系统通过自动控制的空压机保持管网系统正常的气体压力,在火灾自动报警系统报警后,开启电磁阀组使管网充水,变成湿式系统。

工程采用独立换气功能的内呼吸式玻璃幕墙系统,通过幕墙风机使幕墙空气腔形成负压,将室内空气经过风道直接排出室外,以增加室内新风,并对外墙玻璃降温;系统由内外双层玻璃幕墙、幕墙管道风机、风道、静压箱、回风口及排风口六部分组成;回风口为带过滤器的木质单层百叶,安装在装饰地板上,风道为用镀锌钢板制作的小管径圆形风管,管道直径为DN100~DN250mm。

安装完成后,试运行时发现呼吸式幕墙风管系统运行噪声非常大,通过自检发现噪声大的主要原因是:

(1)风管与排风机连接不正确。

(2)风管静压箱未单独安装支吊架。

项目部组织整改后,噪声问题得到解决。

在施工阶段,项目参加全国建筑业绿色施工示范工程的过程检查,专家对机电工程采用BIM技术优化管线排布、风管采用工厂化加工预制、现场水电控制管理等方面给予表扬,检查得分92分,综合评价等级为优良。

机电工程全部安装完成后,项目部编制了机电工程系统调试方案并经监理审批后实施。制冷机组、离心冷冻冷却水泵、冷却塔、风机等设备单体试运行的运行时间和检测项目均符合规范和设计要求,项目部及时进行了记录。

【问题】

1.风口安装与装饰装修交叉施工应注意哪些事项?指出风管与排风机连接处的技术要求。

2.绿色施工评价指标按其重要性和难易程度分为哪三类?单位工程施工阶段的绿色施工评价由哪个单位负责组织?

3.离心水泵单体试运行的目的何在?主要检测哪些项目?

答题区

参考答案

1.（1）风口安装与装饰装修交叉施工应注意风口与装饰装修工程结合处的处理形式要正确，对装饰装修工程的成品保护要到位。

（2）风管与排风机连接处的技术要求：风管与排风机连接处应设置长度为150～250mm的柔性短管；柔性短管松紧适度不扭曲，柔性短管不宜作为找平找正的异径连接管。

2.（1）绿色施工评价指标按其重要性和难易程度分为控制项、一般项、优选项。

（2）单位工程施工阶段的绿色施工评价由监理单位组织，建设单位和项目部参加。

3.（1）离心水泵单体试运行的目的：考核离心水泵的机械性能，检验离心水泵的制造、安装质量和设备性能是否符合规范和设计要求。

（2）主要检测的项目：机械密封的泄漏量、填料密封的泄漏量、温升、泵的振动值。

【案例五】

【背景资料】

某安装公司承接一大型商场的空调工程，工程内容有空调风管、空调供回水、开式冷却水等系统的钢制管道与设备施工，管材及配件由安装公司采购；设备有离心式双工况冷水机组2台，螺杆式基载冷水机组2台，内融冰钢制蓄冰盘管24台，组合式新风机组146台，均由建设单位采购。

项目部进场后，编制了空调工程的施工技术方案，主要包括施工工艺与方法、质量技术要求和安全要求等，方案的重点是隐蔽工程施工、冷水机组吊装、空调水管法兰焊接、空调管道安装试压、空调机组调试与试运行等操作要点。

质检员在巡视中发现空调供水管的施工质量不符合规范要求，如图3-4所示，通知施工作业人员整改。

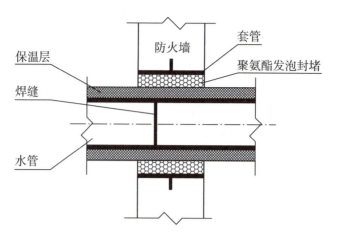

图3-4 空调供水管穿墙示意图

空调供水管及开式冷却水系统施工完成后，项目部进行了强度试验和严密性试验，施工图中注明空调供水管的工作压力为1.3MPa，开式冷却水系统工作压力为0.9MPa。

在试验过程中，发现空调供水管个别法兰连接处和焊缝处有渗漏现象，施工人员及时返修后重新试验未发现渗漏。

【问题】

1. 空调工程的施工技术方案编制后应如何组织实施交底？重要项目的技术交底文件应由哪个施工管理人员审批？
2. 图3-4中存在的错误有哪些？如何整改？
3. 计算空调供水管和冷却水管的试验压力，试验压力最低不应小于多少MPa？
4. 试验过程中管道出现渗漏时严禁哪些操作？

参考答案

1.（1）空调工程的施工技术方案编制后，组织实施交底应在作业前进行，并分层次展开，直至交底到施工操作人员，并有书面交底资料。

（2）对于重要项目的技术交底文件，应由项目技术负责人审批，并在交底时到位。

2.（1）管道接口焊缝设置在套管内不符合要求，管道接口焊缝不应在套管内，应设置在套管外。

（2）管道穿越防火墙，管道与套管之间的缝隙采用聚氨酯发泡封堵不符合要求，管道与套管之间的缝隙应采用不燃绝热材料进行防火封堵。

3.（1）空调供水管的试验压力：1.3+0.5=1.8（MPa）。

（2）冷却水管的试验压力：0.9×1.5=1.35（MPa）。

（3）试验压力最低不应小于0.6MPa。

4.试验过程中发现空调供水管个别法兰连接处和焊缝处有渗漏现象，严禁施工人员继续升压，严禁带压紧固螺栓、补焊或修理。

【案例六】

【背景资料】

某安装公司承接某商务楼机电安装工程，工程内容主要包括设备、管道和通风空调等的安装，商务楼办公区域空调系统采用多联机组。

项目部在施工成本分析预测后，采取劳动定额管理，实行计件工资制；控制设备采购；在量和价两个方面控制材料采购；控制施工机械租赁等措施控制施工成本，使计划成本小于安装公司下达给项目部的目标成本。

项目部依据施工总进度计划，编制多联机组空调系统施工进度计划，详见表3-5，报公司审批时被否定，要求重新编制。

表3-5 多联机组空调系统施工进度计划

序号	工作内容	3月			4月			5月			6月		
		1	11	21	1	11	21	1	11	21	1	11	21
1	施工准备												
2	室外机组安装												
3	室内机组安装												
4	制冷剂管路连接												
5	冷凝水管道安装												
6	风管安装												
7	制冷剂灌注												
8	系统压力试验												
9	调试及验收移交												

在施工质量检查时，监理工程师要求项目部整改下列问题：

（1）个别柔性短管长度为300mm，接缝采用粘接。

（2）矩形柔性短管与风管连接采用抱箍固定。

（3）柔性短管与法兰连接采用压板铆接，铆钉间距为100mm。

商务楼机电工程完成后，安装公司、设计单位和监理单位分别向建设单位提交报告申请竣工验收，建设单位组织成立验收小组，制定验收方案；安装公司、设计单位和监理单位分别向建设单位移交了工程建设交工技术文件和监理文件。

【问题】

1.项目部主要采取了哪几类施工成本控制措施？

2.项目部编制的施工进度计划为什么被安装公司否定？在制冷剂灌注前，制冷剂管道需要进行哪些试验？

3.监理工程师要求项目部整改的要求是否合理？说明理由。

4.安装公司、设计单位和监理单位应分别向建设单位提交什么报告？在验收中，设计单位须完成什么图纸？安装公司须出具什么保证书？

答题区

参考答案

1. 项目部主要采取了下列施工成本控制措施:

(1) 人工费成本控制措施: 采取劳动定额管理, 实行计件工资制。

(2) 工程设备成本控制措施: 控制设备采购。

(3) 工程材料成本控制措施: 在量和价两个方面控制材料采购。

(4) 施工机械成本控制措施: 控制施工机械租赁。

2.(1) 项目部编制的施工进度计划被安装公司否定的主要原因在于制冷剂灌注与系统压力试验顺序错误, 应先进行系统压力试验, 合格后再进行制冷剂灌注。

(2) 制冷剂管道安装完毕, 检查合格后, 制冷剂灌注前应进行系统管路吹污、气密性试验、真空试验和充注制冷剂检漏试验。

3. 监理工程师要求项目部整改的要求合理, 原因在于按照规范要求:

(1) 柔性短管的长度宜为150~250mm。

(2) 矩形柔性短管与风管连接不得采用抱箍固定。

(3) 柔性短管与法兰组装采用压板铆接连接的铆钉间距宜为60~80mm。

4.(1) 安装公司应提交工程竣工报告; 设计单位应提交工程质量检查报告; 监理单位应提交工程质量评估报告。

(2) 设计单位须完成竣工图纸。

(3) 安装公司须出具工程保修证书。

【案例七】

【背景资料】

某施工单位中标南方一高档商务楼的机电安装工程项目, 工程内容包括建筑给水排水、建筑电气、通风与空调和智能化系统等, 工程的主要设备由建设单位指定品牌, 施工单位组织采购。

商务楼空调采用风机盘管加新风系统, 空调水为二管制系统, 机房空调系统采用进口的恒温恒湿空调机组, 管道保温采用岩棉管壳并用铁丝捆扎。

商务楼机电工程完工时间正值夏季, 商务楼空调系统进行了带冷源的联合调试, 空调系统试运行平稳可靠。

施工单位组织了项目竣工预验收, 预验收中发现以下质量问题:

(1) 风机盘管机组的安装资料中, 没有查到水压试验记录, 其安装如图3-5所示。

(2) 管道保温壳的捆扎金属丝间距为400mm, 且每节捆扎1道。

(3) 竣工资料中的恒温恒湿机组无中文说明。

施工单位对预验收中存在的工程质量问题进行了整改,并整理竣工资料,将工程项目移交给建设单位。

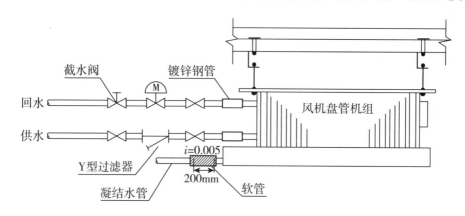

图3-5 风机盘管机组安装示意图

【问题】

1. 风机盘管安装前应进行哪些试验？图中的风机盘管安装存在哪些错误？如何整改？
2. 管道的绝热施工是否符合要求？说明理由。
3. 商务楼工程未进行带热源的系统联合试运转,是否可以进行竣工验收？
4. 恒温恒湿空调机组无中文说明是否符合验收要求？如何改正？

答题区

参考答案

1.（1）风机盘管安装前应进行风机三速试运转及盘管水压试验。

（2）图中风机盘管安装的错误之处及整改要求如下：

错误1：供回水管道与风机盘管机组采用镀锌钢管刚性连接错误。

整改1：供回水管道与风机盘管机组的连接，应采用耐压值大于或等于1.5倍工作压力的金属或非金属柔性连接。

错误2：供水管道上的过滤器的安装方向错误。

整改2：调转供水管道上的过滤器的安装方向。

错误3：凝结水管道的坡度i=0.005错误。

整改3：凝结水管道的坡度宜大于或等于8‰，且坡向出水口。

错误4：凝结水管道与设备的软连接长度为200mm错误。

整改4：凝结水管道与设备的软连接长度应不大于150mm。

2.（1）管道的绝热施工不符合要求。

（2）理由：管道保温层采用的岩棉管壳属于半硬质绝热材料制品，其捆扎间距应≤300mm，每块绝热制品上的捆扎件不得少于2道，且在捆扎时不应使用铁丝捆扎，可使用配套的镀锌铁丝、包装钢带、粘胶带或感压丝带等；因此项目部施工的管道保温壳的捆扎金属丝间距为400mm，且每节捆扎1道不符合要求。

3.（1）商务楼工程未进行带热源的系统联合试运转，可以进行竣工验收。

（2）理由：商务楼机电工程完工时间正值夏季，此时由于带热源的联合试运转的条件与环境条件相差较大，因此只适合做带冷源的联合试运转，且进行了带冷源的联合试运转，即可实现使用功能，具备竣工验收条件；但需要在竣工验收报告中注明系统未进行带热源的联合试运转，待室外温度条件合适时补做完成。

4.（1）恒温恒湿空调机组无中文说明不符合验收要求。

（2）进口材料与设备应提供有效的商检合格证明、中文质量证明等文件资料，因此施工单位应与设备供应商联系，获取中文说明书，以便移交业主，保证物业今后的运行。

【案例八】

【背景资料】

某安装公司承接一商业中心的建筑智能化工程的施工。工程包括建筑设备监控系统、安全技术防范系统、公共广播系统、防雷与接地系统、机房工程。

安装公司项目部进场后,了解商业中心建筑的基本情况,建筑设备安装位置、控制方式和技术要求等,依据监控产品进行深化设计;再依据商业中心工程的施工总进度计划,编制了建筑智能化工程的施工进度计划,如表3-6所示,该进度计划在报安装公司审批时被否定,要求重新编制。

表3-6 建筑智能化工程的施工进度计划

序号	工作内容	5月			6月			7月			8月			9月		
		1	11	21	1	11	21	1	11	21	1	11	21	1	11	21
1	建筑设备监控系统施工	━	━	━	━	━	━	━	━	━						
2	安全技术防范系统施工				━	━	━	━	━	━						
3	公共广播系统施工						━	━	━	━						
4	机房工程施工							━	━	━						
5	系统检测										━	━				
6	系统试运行调试											━	━			
7	验收移交													━		

项目部根据施工图纸和施工进度计划编制了设备材料供应计划,在材料送达施工现场时,施工人员按验收工作的规定对设备材料进行了验收,还对重要的监控部件进行复检,均符合要求。

项目部依据工程技术文件和智能建筑工程质量验收规范,编制了建筑智能化工程系统检测方案,该检测方案经建设单位批准后实施,分项工程、子分部工程的检测结果均符合规范规定,检测记录的填写及签字确认均符合要求。

在工程质量验收中,发现机房和弱电井的接地干线搭接不符合施工质量验收规范的要求,如图3-6所示,监理工程师对40×4镀锌扁钢的搭接焊接提出整改要求,项目部返工后,通过验收。

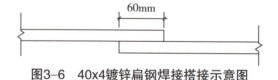

图3-6 40×4镀锌扁钢焊接搭接示意图

【问题】

1. 项目部编制的施工进度计划为什么被安装公司否定?这种表达方式的施工进度计划有哪些缺点?
2. 材料进场验收及复检有哪些要求?验收工作应按哪些规定进行?
3. 给出正确的扁钢焊接搭接示意图。扁钢与扁钢搭接至少几面施焊?
4. 本工程系统检测合格后,须填写几个子分部工程检测记录?检测记录应由谁来作出检测结论和签字确认?

答题区

参考答案

1.（1）项目部编制的施工进度计划被安装公司否定的原因,其一在于系统检测应在系统试运行合格后进行,其二在于计划中缺少防雷与接地系统的施工。

（2）横道图施工进度计划这种表达方式的缺点:

①不能反映工作所具有的机动时间,不能反映影响工期的关键工作(关键线路),也就无法反映整个施工过程的关键所在,因而不便于施工进度控制人员抓住主要矛盾,不利于施工进度的动态控制。

②工程项目规模大、工艺关系复杂时,横道图施工进度计划很难充分暴露施工中的矛盾,因此,利用横道图计划控制施工进度有较大的局限性;适用于小型项目或大型项目的子项目。

2.（1）材料进场时必须根据进料计划、送料凭证、质量保证书或产品合格证,对材料的数量和质量进行验收;要求复检的材料应有取样送检证明报告。

（2）验收工作应按质量验收规范和计量检测规定进行。

3.扁钢与扁钢搭接，其搭接长度不小于扁钢宽度的2倍，且至少三面施焊，正确的扁钢焊接搭接示意图如图3-7所示：

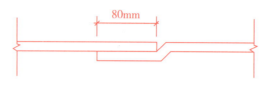

图3-7　扁钢焊接搭接示意图

4.（1）本工程系统检测合格后，须填写4个子分部工程检测记录，分别是建筑设备监控系统、安全技术防范系统、公共广播系统和机房工程等4个子分部工程的检测记录。

（2）检测记录由检测小组填写，检测负责人做出检测结论，监理工程师（建设单位项目专业技术负责人）签字确认。

【案例九】

【背景资料】

某机电施工单位通过招标，总承包某超高层商务楼机电安装工程，承包范围包括建筑给水排水、建筑电气、通风空调、消防和电梯等工程。

工程所需的三联供机组、电梯和自动扶梯等主要设备已由建设单位通过招标选定制造厂家，且建设单位已与制造厂签订了三联供机组等设备的供货合同。

招标文件中，电梯和自动扶梯是由电梯制造厂负责安装及运维；为方便现场施工协调，建设单位授权机电施工单位按主合同的招标条件与电梯制造厂签订供货和安装合同，工期为210天，不可延误，每延误一天扣罚人民币5万元。

因电梯和自动扶梯均属特种设备，机电施工单位对电梯制造厂的安装资质进行了审核，并检查了电梯制造厂提交的安装资料，自动扶梯等设备进场验收合格，资料齐全。

设备安装后，某台自动扶梯试运行时机械传动部分发生故障，经检查是某个梯级轴存在质量问题，影响了自动扶梯的安装精度和运行质量，损坏了中间传动环节；制造厂提供零部件返工返修后，自动扶梯安装试运行合格，但使整个工期耽误了14天，为此建设单位扣罚了机电施工单位的延误费用，机电施工单位对扣罚的费用提出异议。

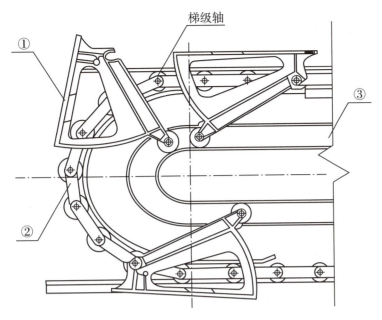

图3-8 自动扶梯机械联动部分安装示意图

【问题】

1.三联供机组、电梯和自动扶梯应分别由哪个单位负责监造?

2.自动扶梯进场验收的技术资料必须提供哪些文件的复印件?随机文件应有哪些内容?

3.自动扶梯机械联动部分安装示意图中的①、②、③分别表示什么部件?

4.自动扶梯设备制造对安装精度的影响主要是什么?直接影响自动扶梯设备运行质量的原因有哪些?

5.建设单位扣罚机电施工单位多少延误费用?是否正确?说明理由。机电施工单位应如何处理?

✎答题区

参考答案

1.（1）三联供机组由建设单位负责监造，因为三联供机组的供货合同是由建设单位与制造厂签订。

（2）电梯和自动扶梯由机电施工单位负责监造，因为电梯的供货和安装合同是由建设单位授权机电施工单位按主合同招标条件与电梯制造厂签订的，其合同主体是机电施工单位和电梯制造厂。

2.（1）自动扶梯进场验收的技术资料必须提供梯级或踏板的型式检验报告复印件，或胶带的断裂强度证明文件复印件，对公共交通型自动扶梯应有扶手带的断裂强度证书复印件。

（2）随机文件应有土建布置图、产品合格证、设备装箱单、安装使用维护说明书、动力电路和安全电路的电气原理图。

3. ①表示梯级；②表示牵引链条；③表示导轨系统。

4.（1）自动扶梯设备制造对安装精度的影响主要是加工精度和装配精度。

（2）直接影响自动扶梯设备运行质量的原因有：自动扶梯设备各运动部件之间的相对运动精度、配合面之间的配合精度和接触质量。

5.（1）建设单位扣罚机电施工单位延误费用：14×5=70（万元）。

（2）建设单位扣罚机电施工单位正确。

（3）扣罚理由：电梯的供货和安装合同是由建设单位授权机电施工单位按主合同招标条件与电梯制造厂签订的，其合同主体是机电施工单位和电梯制造厂，因此其延误损失应由机电施工单位负责。

（4）处理方式：由于自动扶梯的质量问题造成了工期延误，机电施工单位应根据供货合同的相应条款，向电梯制造厂追讨相关费用。

【案例十】

【背景资料】

A公司以施工总承包方式承接了某医疗中心机电工程项目，工程内容包括给水排水、消防、电气、通风空调等设备材料的采购、安装及调试。

A公司经建设单位同意，将自动喷水灭火系统（包括消防水泵、稳压泵、报警阀、配水管道、水源和排水设施）的安装和调试分包给B公司。

为了提高施工效率，A公司采用BIM四维（4D）模拟施工技术，并与施工组织方案相结合，按进度计划完成了各项安装工作。

在自动喷水灭火系统调试阶段，B公司组织了相关人员进行了消防水泵、稳压泵、报警阀的调试，完成后交付A公司进行系统联动试验，但A公司认为B公司还有部分调试工作未完成，且自动喷水灭火系统末端试水装置的出水方式和排水立管不符合规定，如图3-9所示。

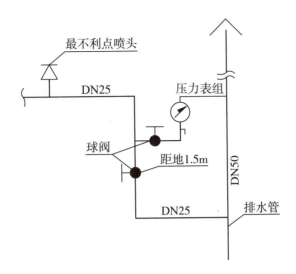

图3-9 自动喷水灭火系统末端试水装置示意图

B公司对末端试水装置进行了返工，并完成相关的调试工作，交付给A公司完成联动试验等各项工作；系统各项性能指标均符合设计及相关规范的要求，工程质量验收合格。

【问题】

1. 末端试水装置的出水方式和排水立管存在哪些质量问题？末端试水装置漏装了哪个管件？
2. B公司还有哪些调试工作未完成？
3. 联动试验除A公司外还应有哪些单位参加？

参考答案

1.（1）末端试水装置的出水方式，直接与排水管连接不符合规范要求，应采用孔口出流的方式进行排水。

（2）末端试水装置的排水立管，采用DN50的排水管不符合规范要求，应采用不小于DN75的排水管。

（3）该末端试水装置漏装了试水接头及排水漏斗。

2.B公司未完成的调试工作还有水源测试、排水设施调试。

3.联动试验除A公司外，还应参加的单位有B公司、建设单位、监理单位、设计单位、设备供应单位。

专题四 工业机电工程安装技术

考点导图

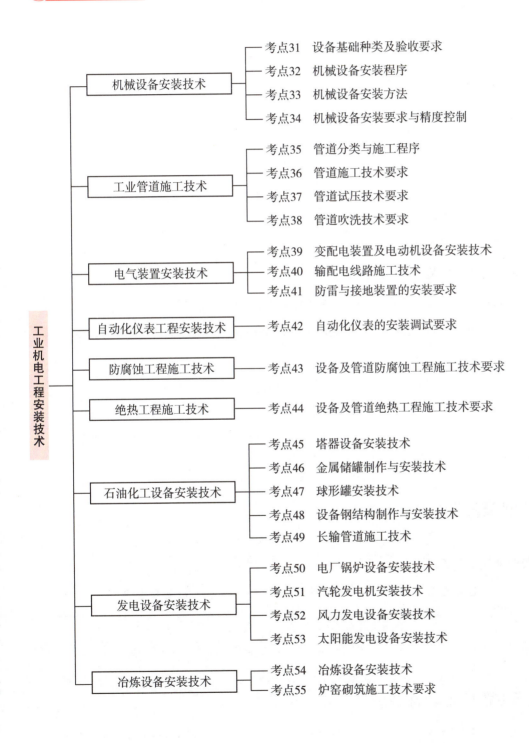

专题雷达图

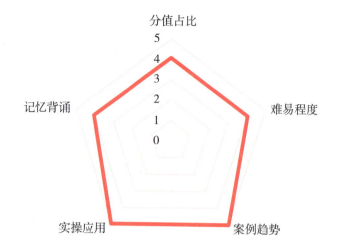

分值占比：本专题在机电实务考试中分值占比很高，平均每年35~55分。

难易程度：本专题内容较多且难度较大，需要不断巩固强化。

案例趋势：本专题是案例题重点考查内容之一，如机械工程、管道工程、电气工程、石化设备和发电设备等均属于必考必会内容。

实操应用：本专题对于实操要求极高，且经常会以图表分析题的形式进行考查。

记忆背诵：本专题与日常生活关联度较低，多数内容需要不断地强化记忆才能满足考试的需要。

考点练习

考点31 设备基础种类及验收要求★★★

1.按埋置深度分类的机械设备基础是（　　）。

A.箱式基础　　　　　B.垫层基础　　　　　C.减振基础　　　　　D.联合基础

【答案】D

【解析】设备基础按照埋置深度不同分为浅基础和深基础。浅基础包括扩展基础、联合基础、独立基础，深基础包括桩基础、沉井基础。

2.下列设备基础，需要做预压强度试验的是（　　）。

A.风机　　　　　　　B.压缩机　　　　　　C.水泵　　　　　　　D.汽轮发电机组

【答案】D

【解析】重要的设备基础应做预压强度试验，预压合格并有预压沉降详细记录，如大型锻压设备、汽轮发电机组、大型油罐。

3.下列设备安装中，通常情况下采用桩基础的是（　　）。

A.水泵　　　　　　　　　　　　　B.变压器

C.汽轮机　　　　　　　　　　　　D.空调机组

【答案】C

【解析】桩基础适用于需要减少基础振幅、减弱基础振动或控制基础沉降和沉降速率的精密、大型设备的基础，如透平压缩机、汽轮发电机组。

4.设备地脚螺栓孔的验收，应主要检查验收地脚螺栓孔的内容是（　　）。

A.孔壁强度　　　　　　　　　　　B.中心线位置

C.标高　　　　　　　　　　　　　D.深度

E.孔壁垂直度

【答案】BDE

【解析】预埋地脚螺栓孔验收内容：中心线位置、深度、孔壁垂直度。

考点32　机械设备安装程序★★★

1.按照机械设备安装的一般程序，下列工序中顺序正确的是（　　）。

A.基础测量放线→设备吊装就位→垫铁设置→设备安装调整→设备固定与灌浆

B.基础测量放线→垫铁设置→设备吊装就位→设备安装调整→设备固定与灌浆

C.设备吊装就位→基础测量放线→垫铁设置→设备安装调整→设备固定与灌浆

D.基础测量放线→垫铁设置→设备吊装就位→设备固定与灌浆→设备安装调整

【答案】B

【解析】机械设备安装的一般程序：设备开箱检查→基础检查验收→基础测量放线→垫铁设置→设备吊装就位→设备安装调整→设备固定与灌浆→设备零部件清洗与装配→润滑与加油→设备试运行→验收。

2.垫铁设置的作用是（　　）。

A.把设备载荷传递到基础　　　　　B.提高二次灌浆的作用

C.防止设备水平位移　　　　　　　D.提高基础的强度

【答案】A

【解析】垫铁的作用：（1）找正调平机械设备，通过调整垫铁的厚度，可使设备安装达到设计或规范要求的标高和水平度；（2）能把设备重量、工作载荷和拧紧地脚螺栓产生的预紧力通过垫铁均匀地传递到基础。

考点33 机械设备安装方法 ★★★

1. 施工现场过盈配合件主要采用的装配方法是（　　）。

   A. 液压拉伸法　　　　　　　　　　　B. 低温冷装配

   C. 液压压入装配　　　　　　　　　　D. 加热装配法

   【答案】D

   【解析】过盈配合件的装配方法：压入装配、低温冷装配、加热装配法，主要采用的是加热装配法。

2. 联轴器装配时，不需要测量的参数是（　　）。

   A. 轴向间隙　　　　B. 径向位移　　　　C. 端面间隙　　　　D. 两轴线倾斜

   【答案】A

   【解析】联轴器装配时应测量：两轴心径向位移、两轴线倾斜、端面间隙。

3. 关于齿轮装配要求的说法，正确的是（　　）。

   A. 用压铅法检查传动齿轮啮合的接触斑点

   B. 齿轮基准面与轴肩应靠紧贴合

   C. 齿顶与齿端棱边应接触良好

   D. 用着色法检查齿轮啮合间隙

   【答案】B

   【解析】A选项，用着色法检查齿轮啮合的接触斑点；C选项，齿顶与齿端棱边不应有接触；D选项，用压铅法检查齿轮啮合间隙。

4. 关于滑动轴承装配要求的说法，正确的是（　　）。

   A. 轴颈与轴瓦的单侧间隙应为顶间隙的1/2～2/3

   B. 轴颈与轴瓦的顶间隙可用直径大于顶间隙3倍的铅丝检查

   C. 检查上下轴瓦接合面，任何部位塞入深度应大于接合面宽度的1/3

   D. 薄壁轴瓦的接触面必须研刮

   【答案】A

   【解析】B选项，顶间隙可用压铅法检查，铅丝直径不宜大于顶间隙的3倍；C选项，检查上下轴瓦接合面，塞入深度不应大于接合面宽度的1/3；D选项，薄壁轴瓦的接触面不宜研刮。

5. 有预紧力规定要求的螺纹连接常用的紧固方法有（　　）。

   A. 定力矩法　　　　　　　　　　　　B. 液压拉伸法

   C. 双螺母锁紧法　　　　　　　　　　D. 测量伸长法

   E. 加热伸长法

   【答案】ABDE

   【解析】螺纹连接件的紧固方法：定力矩法、液压拉伸法、测量伸长法、加热伸长法。

6.关于滚动轴承装配的说法，错误的是（   ）。

A.温差法可以用于滚动轴承的装配

B.压入力宜通过轴承的滚动体和保持架传递

C.采用稀油润滑的轴承，应按规定加注润滑脂

D.轴承外圈与轴承座孔在对称中心线90°范围内应均匀接触

E.轴承外圈与轴承盖孔的间隙应用0.03mm塞尺检查

【答案】BCD

【解析】B选项，压入力不应通过轴承的滚动体和保持架传递；C选项，采用稀油润滑的轴承，不应加注润滑脂；D选项，轴承外圈与轴承座孔在对称中心线120°范围内、与轴承盖孔在对称中心线90°范围内应均匀接触。

考点34　机械设备安装要求与精度控制★★★

1.关于影响设备安装精度的因素的说法，错误的是（   ）。

A.设备制造对安装精度的影响主要是加工精度和装配精度

B.垫铁埋设对安装精度的影响主要是承载面积和接触情况

C.测量误差对安装精度的影响主要是仪器精度、基准精度

D.设备灌浆对安装精度的影响主要是二次灌浆层厚度

【答案】D

【解析】设备灌浆对安装精度的影响主要是强度和密实度。

2.现场组装大型设备各运动部件之间的相对运动精度一般不包括（   ）。

A.直线运动精度　　　　　　　　B.圆周运动精度

C.平面度　　　　　　　　　　　D.传动精度

【答案】C

【解析】现场组装大型设备各运动部件之间的相对运动精度包括直线运动精度、圆周运动精度、传动精度。

3.垫铁埋设对安装精度的影响主要有（   ）。

A.接触质量　　　　　　　　　　B.承载面积

C.沉降不均　　　　　　　　　　D.抗振性能

E.强度不够

【答案】AB

【解析】垫铁埋设对安装精度的影响主要有承载面积和接触质量。

考点35　管道分类与施工程序★★★

工业管道施工程序中,管道加工(预制)及安装的紧后工序是(　　)。

A.管道试验　　　　B.防腐与保温　　　　C.管道与设备连接　　　　D.仪表吹洗、安装

【答案】A

【解析】工业管道安装一般施工程序:测量定位→支架制作安装→管道加工(预制)、安装→管道试验→防腐绝热→管道吹扫、清洗→系统调试及试运行→竣工验收。

考点36　管道施工技术要求★★★

1.不锈钢的管道元件和材料,在运输及储存期间不得接触的材料是(　　)。

A.有色金属　　　　B.聚丙烯　　　　C.低合金钢　　　　D.硅酸盐

【答案】C

【解析】不锈钢的管道元件和材料,在运输及储存期间不得接触低合金钢。

2.在有静电接地要求的管道施工中,关于静电接地安装的说法,正确的是(　　)。

A.法兰接头间严禁设置导线跨接

B.有色金属管道导线跨接采用连接板过渡

C.静电接地引下线严禁采用焊接形式

D.不锈钢管道接地引线与管道直接连接

【答案】B

【解析】A选项,有静电接地要求的管道,各段管子间应导电,每对法兰或螺纹接头间电阻值超过0.03Ω时,应设导线跨接;C选项,静电接地引线宜采用焊接形式;D选项,有静电接地要求的不锈钢和有色金属管道,导线跨接或接地引线不得与管道直接连接,应采用同材质连接板过渡。

3.关于阀门安装时的说法,正确的是(　　)。

A.螺纹连接时阀门应开启

B.安全阀应水平布置

C.焊接连接时阀门应关闭

D.按介质流向确定其安装方向

【答案】D

【解析】阀门安装前应按设计文件核对其型号,并应按介质流向确定其安装方向。

考点37　管道试压技术要求★★★

1.关于工业管道系统气压试验实施要点的说法,错误的是(　　)。

A.承受内压钢管及有色金属管道的试验压力应为设计压力的1.5倍

B.试验前,先用空气进行预试验,试验压力宜为0.2MPa

C.真空管道的气压试验压力应为0.2MPa

D.在设计压力下采用发泡剂检验无泄漏为合格

【答案】A

【解析】承受内压钢管及有色金属管道的试验压力应为设计压力的1.15倍。

2.关于管道液压试验的说法，错误的是（ ）。

A.应使用氯离子含量不大于30ppm的洁净水

B.环境温度不宜低于5℃

C.埋地钢管道的试验压力应为设计压力的1.15倍

D.埋地钢管道的试验压力可以为1.0MPa

E.缓慢升压到试验压力后，须稳压30min

【答案】ACE

【解析】A选项，应使用氯离子含量不大于25ppm的洁净水；C选项，埋地钢管道的试验压力应为设计压力的1.5倍；E选项，缓慢升压到试验压力后，须稳压10min。

3.工业管道系统泄漏性试验正确实施的要点有（ ）。

A.泄漏性试验的试验介质宜采用空气

B.试验压力为设计压力的1.15倍

C.泄漏性试验应在压力试验前进行

D.泄漏性试验可结合试车一并进行

E.输送极度和高度危害介质的管道必须进行泄漏性试验

【答案】ADE

【解析】B选项，泄漏性试验试验压力为设计压力；C选项，泄漏性试验应在压力试验合格后进行。

考点38　管道吹洗技术要求 ★★★

1.不锈钢工艺管道的水冲洗实施要点中，正确的有（ ）。

A.水中氯离子含量不超过25ppm   B.水冲洗的流速不得低于1.5m/s

C.排放管在排水时不得形成负压   D.排放管内径小于被冲洗管的60%

E.冲洗压力应大于管道设计压力

【答案】ABC

【解析】D选项，排放管内径不应小于被冲洗管的60%；E选项，冲洗压力不应大于管道设计压力。

2.确定管道吹洗方法的根据有（ ）。

A.管道的设计压力   B.管道的使用要求

C.管道材质   D.工作介质

E.管道内表面脏污程度

【答案】BDE

【解析】管道吹扫与清洗方法应根据管道的使用要求、工作介质、系统回路、现场条件及管道内表面的脏污程度确定。

考点39　变配电装置及电动机设备安装技术★★★

1.变压器交接试验中高压绕组对外壳的绝缘电阻用（　　）测量，测量完毕放电。

A.2500V兆欧表　　　　　　　　　　B.1500V兆欧表

C.500V兆欧表　　　　　　　　　　　D.1000V兆欧表

【答案】A

【解析】高压绕组对外壳的绝缘电阻用2500V兆欧表测量，测量完毕放电；低压绕组对外壳的绝缘电阻用500V兆欧表测量，测量完毕放电。

2.下列整定内容中，属于配电装置过电流保护整定的是（　　）。

A.合闸元件整定　　　　　　　　　　B.温度元件整定

C.方向元件整定　　　　　　　　　　D.时间元件整定

【答案】D

【解析】过电流保护整定包括电流元件整定、时间元件整定。

3.配电装置空载运行（　　）h，无异常现象，可办理验收手续。

A.12　　　　　　B.24　　　　　　C.36　　　　　　D.48

【答案】B

【解析】配电装置空载运行24h，无异常现象，可办理验收手续。

4.高压真空开关的试验内容有（　　）。

A.关断能力试验　　　　　　　　　　B.机械试验

C.漏电试验　　　　　　　　　　　　D.温升试验

E.峰值耐受电流试验

【答案】ABDE

【解析】高压试验内容主要有：绝缘试验，主回路电阻测量和温升试验，峰值耐受电流和短时耐受电流试验；关合、关断能力试验，机械、操作振动试验，内部故障试验；SF_6气体绝缘开关设备的漏气率及含水率检查，防护等级检查。

5.关于油浸式变压器二次搬运就位的说法，正确的有（　　）。

A.变压器可采用滚杠及卷扬机拖运的运输方式

B.顶盖沿气体继电器气流方向有0.5%的坡度

C.就位后应将滚轮用能拆卸的制动装置加以固定

D.二次搬运时的变压器倾斜角不得超过15°

E.可使用变压器顶盖上部的吊环吊装整台变压器

【答案】 ACD

【解析】 B选项，顶盖沿气体继电器气流方向有1.0%～1.5%的坡度；E选项，不可使用变压器顶盖上部的吊环吊装整台变压器。

6.关于变压器送电试运行的说法，正确的有（　　）。

A.变压器第一次投入时可全压冲击合闸

B.变压器应进行5次空载全压冲击合闸

C.冲击合闸由高压侧投入

D.变压器试运行要注意短路电流和空载电流

E.变压器空载运行12h后方可投入负荷试运行

【答案】 ABC

【解析】 D选项，变压器试运行要记录一次电压、二次电压、冲击电流、空载电流、温度；E选项，变压器空载运行24h无异常情况方可投入负荷运行。

7.380V电动机试运行前应检查的内容有（　　）。

A.电动机绕组的绝缘电阻　　　　　　B.电动机的地脚螺栓是否接地

C.电动机的保护接地线是否连接可靠　　D.电动机的温度是否有过热现象

E.绕线式电动机的滑环和电刷

【答案】 ACE

【解析】 电机试运行前需要检查电动机安装是否牢固、地脚螺栓是否全部拧紧，B选项错误；检查电动机的温度是否有过热现象是电动机试运行中应进行的检查，D选项错误。

考点40　输配电线路施工技术★★★

1.检测导线接头质量的方法有（　　）。

A.电压降法　　　　　　　　　　　　B.绝缘电阻测量法

C.导线电阻测量法　　　　　　　　　D.兆欧表测量法

E.温度法

【答案】 AE

【解析】 采用电压降法或温度法测试导线接头质量。

2.正确的电缆直埋敷设做法有（　　）。

A.铠装电缆的金属外皮接地电阻不小于10Ω

B.电缆敷设后铺100mm厚的细砂再盖混凝土保护板

C.直埋电缆穿越农田时，埋深不小于0.7m

D.电缆可平行敷设在管道的上方

【答案】B

【解析】A选项，铠装电缆的金属外皮接地电阻不大于10Ω；C选项，直埋电缆穿越农田时，埋深不小于1.0m；D选项，电缆不可平行敷设在管道的上方。

3.关于电力架空线路试验的说法，正确的有（　　）。

A.应测量杆塔的接地电阻值

B.采用2500V兆欧表测量绝缘子的绝缘电阻值，可按同批产品数量的5%抽查

C.在额定电压下对空载线路进行不少于5次冲击合闸试验

D.导线接头的测试可采用红外线测温仪或电压降法进行

E.检查线路各相两侧的相位应相差120°

【答案】AD

【解析】B选项，采用2500V兆欧表测量绝缘子的绝缘电阻值，可按同批产品数量的10%抽查；C选项，在额定电压下对空载线路进行3次冲击合闸试验；E选项，线路各相两侧的相位应一致。

4.机电工程中，电缆排管施工的要求有（　　）。

A.排管孔的内径不应小于150mm
B.排管有不小于0.1%的排水坡度

C.排管顶部距地面不宜小于0.5m
D.在排管转角处设置电缆井

E.在排管分支处设置电缆井

【答案】BDE

【解析】A选项，排管孔径不小于电缆外径的1.5倍，控制电缆和电力电缆的排管孔径分别不小于75mm和100mm；C选项，排管埋深不小于0.7m，位于人行道下面不小于0.5m。

考点41　防雷与接地装置的安装要求★★★

1.金属储罐防静电的接地要求有（　　）。

A.防静电的接地装置应单独设置
B.接地线应单独与接地干线相连

C.接地线的连接螺栓不应小于M10
D.防静电的接地装置可共同设置

E.防静电接地可以串联连接

【答案】BCD

【解析】A选项，防静电的接地装置可与防感应雷和电气设备的接地装置共同设置；E选项，防静电接地线应单独与接地体或接地干线相连，除并列管道外不得相互串联接地。

2.下列接闪器的试验内容中，金属氧化物接闪器的试验内容有（　　）。

A.测量工频放电电压
B.测量持续电流

C.测量交流电导电流　　　　　　　　　　D.测量泄漏电流

E.测量工频参考电压

【答案】BDE

【解析】接闪器的试验内容：（1）测量接闪器的绝缘电阻；（2）测量接闪器的泄漏电流；（3）测量磁吹接闪器的交流电导电流（磁交）；（4）测量金属氧化物接闪器的持续电流、工频参考电压或直流参考电压；（5）测量FS型阀式接闪器的工频放电电压。

考点42　自动化仪表的安装调试要求 ★

1.关于自动化仪表取源部件的安装要求，正确的是（　　）。

A.合金钢管道上取源部件的开孔采用气割加工

B.取源部件安装后应与管道同时进行压力试验

C.绝热管道上安装的取源部件不应露出绝热层

D.取源阀门与管道的连接应采用卡套式接头

【答案】B

【解析】A选项，合金钢管道上取源部件的开孔采用机械加工；C选项，绝热管道上安装的取源部件应露出绝热层；D选项，取源阀门与管道的连接不宜采用卡套式接头。

2.当取源部件设置在管道的下半部与管道水平中心线成0°~45°夹角范围内时，其测量的参数是（　　）。

A.气体压力　　　　B.气体流量　　　　C.蒸汽压力　　　　D.蒸汽流量

【答案】C

【解析】测量蒸汽压力的时候，取源部件位于管道上半部及下半部与管道水平中心线成0~45°夹角范围内。

3.单台仪表的校准点应在仪表全量程范围内均匀选择，一般不应少于（　　）点。

A.2　　　　　　　B.3　　　　　　　C.4　　　　　　　D.5

【答案】D

【解析】单台仪表的校准点应在仪表全量程范围内均匀选取，一般不应少于5点；回路试验时，仪表校准点不应少于3点。

4.下列自动化仪表工程的试验内容中，必须全数检验的是（　　）。

A.单台仪表校准和试验　　　　　　　　B.仪表电源设备的试验

C.综合控制系统的试验　　　　　　　　D.回路试验和系统试验

【答案】D

【解析】仪表试验包括单台仪表的校准和试验、仪表电源设备的试验、综合控制系统的试验、回路试验和系统试验。回路试验和系统试验必须全数检验。

考点43　设备及管道防腐蚀工程施工技术要求 ★

1.钢制管道内衬氯丁胶乳水泥砂浆属于（　　）防腐蚀措施。

A.介质处理　　　　　　　　　　B.添加缓蚀剂

C.覆盖层　　　　　　　　　　　D.电化学保护

【答案】C

【解析】设备及管道的防腐蚀措施分别是：介质处理、覆盖层、电化学保护、添加缓蚀剂。钢制管道内衬氯丁胶乳水泥砂浆属于覆盖层防腐蚀措施。

2.关于防腐蚀施工条件的说法，错误的有（　　）。

A.当相对湿度大于80%时，应停止表面作业

B.对不可拆卸的密闭设备必须关闭全部人孔

C.涂料涂层施工环境温度宜为5～40℃

D.喷射除锈时基体表面温度应高于露点温度3℃

E.管道外壁附件的焊接，应在防腐蚀工程施工前完成

【答案】ABC

【解析】A选项，当相对湿度大于85%时，应停止表面作业；B选项，对不可拆卸的密闭设备必须打开全部人孔；C选项，涂料涂层施工环境温度宜为10～30℃。

考点44　设备及管道绝热工程施工技术要求 ★

1.关于管道保温层施工的做法，错误的是（　　）。

A.采用预制块做保温层时，同层要错缝，异层要压缝

B.管道上的法兰等经常维修的部位，保温层必须采用可拆卸式的结构

C.水平管道的纵向接缝位置，要布置在管道垂直中心线45°范围内

D.管托处的管道保温，应不妨碍管道的膨胀位移

【答案】C

【解析】水平管道的纵向接缝位置，不得布置在管道垂直中心线45°范围内。

2.下列硬质绝热制品的捆扎方法中，正确的是（　　）。

A.应螺旋式缠绕捆扎　　　　　　B.多层一次捆扎固定

C.每块捆扎至少一道　　　　　　D.振动部位加强捆扎

【答案】D

【解析】A选项，不得采用螺旋式缠绕捆扎；B选项，双层或多层绝热层的绝热制品，应逐层捆扎；C选项，每块绝热制品上的捆扎件不得少于两道，对有振动的部位应加强捆扎。

3.关于捆扎法的说法,正确的有(   )。

A.不得采用螺旋式捆扎

B.每块绝热制品上的捆扎件不得多于两道

C.双层或多层绝热制品应逐层捆扎

D.钩钉位置不得布置在制品的拼缝处

E.钻孔穿挂的硬质绝热制品,其孔缝应采用矿物棉填塞

【答案】ACE

【解析】B选项,每块绝热制品上的捆扎件不得少于两道;D选项,钩钉位置应布置在制品的拼缝处。

4.关于绝热层施工技术要求的说法,正确的有(   )。

A.当采用一种制品时不得分层施工

B.硬质绝热制品用作保温层时,拼缝宽度不应大于5mm

C.绝热层施工时,同层不得错缝

D.分层施工时,上下应压缝,其搭接长度不宜小于100mm

E.水平管道纵向接缝位置不得布置在管道垂直中心线45°范围内

【答案】BDE

【解析】A选项,当采用一种绝热制品,用作保温层≥100mm或保冷层≥80mm时,应分层施工;C选项,绝热层施工时,同层应错缝,上下层应压缝。

考点45　塔器设备安装技术★★★

关于塔器设备气压试验的说法,正确的有(   )。

A.应有项目技术负责人批准的安全技术措施

B.试验介质必须采用干燥且洁净的空气

C.脱脂后的容器气压试验时,必须采用不含油的气体

D.检查期间保持压力不变,并不得用继续加压的方式维持

E.缓慢升至试验压力的80%,保压10min进行初次检查

【答案】CD

【解析】A选项,应有本单位技术总负责人批准的安全技术措施;B选项,介质宜为干燥洁净的空气,也可用氮气或惰性气体;E选项,试验过程为 $10\%P_{试验} \to 50\%P_{试验} \to \Delta 10\%P_{试验} \to P_{试验}$(10min)→检查。

考点46　金属储罐制作与安装技术★★★

1.关于大型金属储罐内挂脚手架正装法施工的要求，正确的是（　　）。

A.一台储罐施工宜用2层至3层脚手架　　B.在储罐壁板内侧挂设移动脚手架

C.脚手架随储罐壁板升高逐层搭设　　D.储罐的脚手架从上到下交替使用

【答案】A

【解析】内挂脚手架正装法：

（1）每组对一圈壁板，就在壁板内侧沿圆周挂上一圈三脚架，在三脚架上铺设跳板，组成环形脚手架，作业人员即可在跳板上组对安装上一层壁板。

（2）在已安装的最上一层内侧沿圆周按规定间距在同一水平标高处挂上一圈三脚架，铺满跳板，跳板搭头处捆绑牢固，安装护栏。

（3）搭设楼梯间或斜梯连接各圈脚手架，形成上、下通道。

（4）一台储罐施工宜用2层至3层脚手架，1个或2个楼梯间，脚手架从下至上交替使用。

（5）在罐壁外侧挂设移动小车进行罐壁外侧施工。

（6）采用吊车吊装壁板。

2.关于储罐充水试验规定的说法，错误的是（　　）。

A.充水试验采用洁净水　　B.试验水温不低于5℃

C.充水试验的同时进行基础沉降观测　　D.放水过程中应关闭透光孔

【答案】D

【解析】D选项错误。充水和放水过程中，应打开透光孔且不得使基础渗水。

考点47　球形罐安装技术★★★

1.球壳板超声探伤，抽查数量不得少于球壳板总数的（　　）。

A.2%　　B.5%　　C.10%　　D.20%

【答案】D

【解析】球壳板应进行超声波检查，检查数量不得少于球壳板总数的20%。

2.球形罐的泄漏性试验采用的方法有（　　）。

A.气密性试验　　B.氨检漏试验

C.卤素检漏试验　　D.水压试验

E.真空度试验

【答案】ABC

【解析】球罐须经水压试验合格后方可进行泄漏性试验；泄漏性试验分为气密性试验、氨检漏试验、卤素检漏试验和氦检漏试验；气密性试验所用气体为干燥的洁净空气、氮气或其他惰性气体；试验压力为球罐的设计压力。

考点48 设备钢结构制作与安装技术★★★

1.多节柱钢结构安装时，为避免造成过大的积累误差，每节柱的定位轴线应从（　　）直接引上。

A.地面控制轴线　　　　　　　　B.下一节柱轴线

C.中间节柱轴线　　　　　　　　D.最高一节柱轴线

【答案】A

【解析】多节柱钢结构安装时，为避免造成过大的积累误差，每节柱的定位轴线应从地面控制轴线直接引上。

2.钢结构安装施工中，已安装的框架结构应具有（　　）。

A.下挠度　　　　　　　　　　　B.外加支撑

C.空间刚度　　　　　　　　　　D.遮盖设施

【答案】C

【解析】钢结构安装施工中，已安装的框架结构应具有空间刚度。

3.连接钢结构的高强度螺栓安装前，高强度螺栓连接摩擦面应进行（　　）试验。

A.贴合系数　　　　　　　　　　B.扭矩

C.抗滑移系数　　　　　　　　　D.抗剪切系数

【答案】C

【解析】钢结构制作和安装单位应按规定分别进行高强度螺栓连接摩擦面的抗滑移系数试验和复验，现场处理的构件摩擦面应单独进行抗滑移系数试验，合格后方可进行安装。

4.关于高强度螺栓连接的说法，正确的有（　　）。

A.螺栓连接前应进行摩擦面抗滑移系数复验

B.不能自由穿入螺栓的螺栓孔可用气割扩孔

C.高强度螺栓初拧和终拧后要做好颜色标记

D.高强度螺栓终拧后的螺栓露出螺母2～3扣

E.扭剪型高强度螺栓的拧紧应采用扭矩法

【答案】AD

【解析】B选项，螺栓不能自由穿入时可用绞刀或锉刀修整螺栓孔，不得气割扩孔；C选项，初拧（复拧）后应对螺母涂刷颜色标记，终拧没有特殊要求，比如下面的扭剪型高强度螺栓；E选项，扭剪型高强度螺栓的拧紧应采用专业电动扳手，终拧以拧断螺栓尾部梅花头为合格。

考点49　长输管道施工技术

下列关于长输管道说法正确的是（　　）。

A.长输管道分为GA1级、GA2级和GC1级

B.长输管道每段试压时，压力表不少于2块

C.试压时，压力表均应设置在首端，起到相互校验的作用

D.压力表的量程应为试验压力的1.2倍

E.长输管道试压分为三个阶段

【答案】BE

【解析】每段试压时的压力表不少于2块，分别安装在试压管段的首末端。压力表量程为试验压力的1.5～3倍。长输管道试压分三个阶段。

考点50　电厂锅炉设备安装技术★★★

1.电厂锅炉安装程序中，单机试运转的紧后工序是（　　）。

A.锅炉热态调试　　　B.报警及联锁试验　　　C.风压试验　　　D.酸洗

【答案】B

【解析】锅炉安装程序：设备清点、检查和验收→基础验收→基础放线→设备搬运及起重吊装→钢架及梯子平台的安装→汽水分离器及储水箱（或锅筒）安装→锅炉前炉膛受热面的安装→尾部竖井受热面的安装→燃烧设备的安装→附属设备安装→热工仪表保护装置安装→单机试运转→报警及联锁试验→水压试验→锅炉风压试验→锅炉酸洗→锅炉吹管→锅炉热态调试与试运转。

2.电站锅炉本体受热面组合安装时，设备清点检查的紧后工序是（　　）。

A.光谱复查　　　B.管子就位　　　C.对口焊接　　　D.通球试验

【答案】A

【解析】受热面组合安装的一般程序为：设备及部件清点检查→合金设备（部件）光谱复查→通球试验与清理→联箱找正划线→管子就位对口焊接→组件地面验收→组件吊装→组件高空对口焊接→组件整体找正。

3.锅炉受热面组件采用直立式组合的优点是（　　）。

A.组合场面积大　　　B.便于组件吊装　　　C.钢材耗用量小　　　D.安全状况较好

【答案】B

【解析】直立式组合的优点在于组合场占用面积少，便于组件的吊装；缺点在于钢材耗用量大，安全状况较差。横卧式组合优点就是克服了直立式组合的缺点；其不足在于占用组合场面积多，且在设备竖立时，若操作处理不当则可能造成设备变形或损伤。

考点51 汽轮发电机安装技术★★★

1.发电机设备的安装程序中，发电机穿转子的紧前工序是（ ）。

A.定子就位　　　　　　　　　　　　B.定子及转子水压试验

C.氢冷器安装　　　　　　　　　　　D.端盖、轴承、密封瓦调整安装

【答案】B

【解析】发电机设备的安装程序：台板（基架）就位、找正→定子就位、找正→定子及转子水压试验→发电机穿转子→氢冷器安装→端盖、轴承、密封瓦调整安装→励磁机安装→对轮复找中心并连接→整体气密性试验。

2.轴系对轮中心找正，主要有（ ）。

A.高中压对轮中心找正　　　　　　　B.中压对轮中心找正

C.中低压对轮中心找正　　　　　　　D.低压对轮中心找正

E.低压转子-电转子对轮中心找正

【答案】ACDE

【解析】轴系对轮中心找正主要是对高中压对轮中心、中低压对轮中心、低压对轮中心、低压转子-发电机转子对轮中心的找正。

3.关于发电机转子穿装的说法，正确的有（ ）。

A.穿装前进行单独气密性试验

B.消除泄漏后需进行漏气量试验

C.试验压力符合相关规范规定

D.发电机转子穿装工作要求连续完成

E.完成机务并清扫检查后可进行转子穿装

【答案】ABD

【解析】C选项，试验压力符合制造厂规定；E选项，完成机务并清扫检查经签证后可进行转子穿装。

4.发电机转子穿装方法，常用的有（ ）。

A.滑道式方法　　　　　　　　　　　B.接轴的方法

C.液压顶升方法　　　　　　　　　　D.用后轴承座平衡重量的方法

E.用两台跑车的方法

【答案】ABDE

【解析】发电机转子穿装方法：滑道式方法、接轴的方法、用后轴承座做平衡重量的方法、用两台跑车的方法。

5.电站汽轮机主要由（ ）组成。

A.汽轮机本体设备　　　　　　　　　B.蒸汽系统设备

C.凝结水系统设备 　　　　　　　　D.送引风设备

E.空气预热器

【答案】ABC

【解析】电站汽轮机设备主要由汽轮机本体设备，以及蒸汽系统设备、凝结水系统设备、给水系统设备和其他辅助设备组成；D选项属于锅炉辅助设备；E选项属于锅炉本体设备。

考点52　风力发电设备安装技术★★★

风力发电设备安装程序中，塔筒安装的紧后工序是（　　）。

A.机舱安装 　　　　　　　　B.发电机安装

C.叶轮安装 　　　　　　　　D.电器柜安装

【答案】A

【解析】施工准备→基础及锚栓安装→塔底变频器、电器柜安装→塔筒安装→机舱安装→发电机安装（若有）→叶片与轮毂地面组合→叶轮安装→其他零部件安装→电气设备安装→调试试运行→验收。

考点53　太阳能发电设备安装技术★★★

1.光伏发电设备安装的常用支架有（　　）。

A.固定支架 　　　　　　　　B.弹簧支架

C.可调支架 　　　　　　　　D.抗震支架

E.跟踪式支架

【答案】ACE

【解析】光伏支架包括跟踪式支架、固定支架和手动可调支架等。

2.下列安装工序中，不属于光伏发电设备安装程序的是（　　）。

A.汇流箱安装 　　　　　　　　B.逆变器安装

C.集热器安装 　　　　　　　　D.电气设备安装

【答案】C

【解析】光伏发电设备的安装程序：施工准备→基础检查验收→设备检查→光伏支架安装→光伏组件安装→汇流箱安装→逆变器安装→电气设备安装→调试→验收。集热器安装属于光热发电设备的安装程序。

考点54　冶炼设备安装技术

关于高炉炼铁设备的说法，不正确的是（　　）。

A.炉体冷却壁设备安装前，必须进行通球试验

B.冷却壁通球试验后，进行压力试验

C.冷却壁安装过程中不得进行碰撞

D.冷却壁进行压力试验时，试验压力为工作压力的1.5～2倍

【答案】D

【解析】冷却壁进行压力试验时，试验压力为工作压力的1.5倍。

考点55　炉窑砌筑施工技术要求★

1.工业炉窑烘炉前应完成的工作是（　　）。

A.对炉体预加热　　　　　　　　B.烘干烟道和烟囱

C.烘干物料通道　　　　　　　　D.烘干送风管道

【答案】B

【解析】工业炉在投入生产前必须烘干烘透，烘炉前应先烘干烟囱和烟道。

2.工业炉窑烘炉时，编制的烘炉曲线内容不包括（　　）。

A.升温速度　　　　　　　　　　B.恒温时间

C.烘炉期限　　　　　　　　　　D.材料性能

【答案】D

【解析】烘炉曲线和操作规程的主要内容：烘炉期限、升温速度、恒温时间、最高温度、更换加热系统的温度、烘炉措施、操作规程及应急预案；烘炉后须降温的炉窑，在烘炉曲线中应注明降温速度。

案例专项

【案例一】

【背景资料】

某项目建设单位与A公司签订了氢气压缩机厂房建筑及机电工程施工总承包合同,工程内容包括设备及钢结构厂房基础施工、配电室建筑施工、厂房钢结构制造和安装、一台20t通用桥式起重机安装、一台活塞式氢气压缩机及配套设备安装、氢气管道和自动化仪表控制装置安装。

经建设单位同意,A公司将设备及钢结构厂房基础施工和配电室建筑施工分包给B公司;钢结构厂房、桥式起重机、压缩机及进出口配管如图4-1所示。

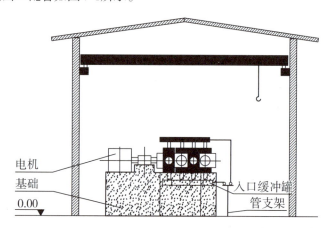

图4-1 钢结构厂房、板式起重机、压缩机及进出口配管示意图

A公司编制的压缩机及工艺管道施工程序:压缩机临时就位→(　　)→压缩机固定与灌浆→(　　)→管道焊接→……→(　　)→氢气管道吹洗→(　　)→中间交接。

B公司首先完成压缩机基础施工,与A公司办理中间交接时,共同复核了标注在中心标板上的安装基准线和埋设在基础边缘的标高基准点。

A公司编制的起重机安装专项施工方案中,采用两根钢丝绳分别单股捆扎起重机大梁,用单台50t汽车起重机吊装就位,对吊装作业进行危险源辨识,分析其危险因素,制定预防控制措施。

A公司依据施工质量管理策划的要求和压力管道质量保证手册的规定,对焊接过程的六个质量控制环节(焊工、焊接材料、焊接工艺评定、焊接工艺、焊接作业、焊接返修)设置质量控制点,对质量控制实施有效管理。

电动机试运行前,A公司与监理单位、建设单位对电动机绕组绝缘电阻、电源开关、启动设备和控制装置等进行了检查,结果符合要求。

【问题】

1. 依据A公司编制的施工程序,分别写出压缩机固定与灌浆、氢气管道吹洗的紧前工序和紧后工序。
2. 标注的安装基准线包括哪两条中心线?测试安装标高基准线一般采用哪种测量仪器?

3.A公司编制的起重机安装专项施工方案中,吊索钢丝绳断脱和汽车起重机侧翻的控制措施有哪些?

4.电动机试运行前,对电动机安装和保护接地的检查项目还有哪些?

答题区

参考答案

1.(1)压缩机固定与灌浆的紧前工序是压缩机找平找正,紧后工序是压缩机与氢气管道连接。

(2)氢气管道吹洗的紧前工序是氢气管道压力试验,紧后工序是压缩机空负荷试运转。

2.(1)标注的安装基准线包括纵向中心线、横向中心线。

(2)测试安装标高基准线一般采用水准仪。

3.(1)吊索钢丝绳断脱的控制措施:严格检查吊索钢丝绳和卸扣的规格型号及安全系数,相关数值应满足规范要求;钢丝绳吊索捆扎起重机大梁直角处加钢制半圆护角。

(2)汽车起重机侧翻的控制措施:严禁超载、严禁违章作业、严格机械检查、打好支腿并用道木和钢板垫实加固,确保支腿稳定。

4.电动机试运行前,对电动机安装和保护接地的检查项目还应包括:

(1)检查电动机安装是否牢固,地脚螺栓是否拧紧。

(2)检查电动机的保护接地线必须连接可靠,铜芯接地线截面不小于$4mm^2$,并有防松弹簧垫圈。

【案例二】

【背景资料】

某工程公司采用EPC方式承包一供热站安装工程，工程内容包括换热器、疏水泵、管道、电气及自动化安装等。

工程公司成立采购小组，根据工程施工进度、关键工作和主要设备进场时间采购设备、材料等物资，保证设备材料采购与施工进度合理衔接。

疏水泵联轴器为过盈配合件，施工人员在装配时，将两个半联轴器一起转动，每转180°测量一次，并记录2个位置的径向位移值和位于同一直径两端测点的轴向位移值，质量部门对此提出异议，认为不符合规范要求，要求重新测量。

为加强施工现场的安全管理，及时处置突发事件，工程公司升级了生产安全事故应急救援预案，并进行了应急预案的培训、演练。

取源部件到货后，工程公司进行取源部件的安装，压力取源部件的取压点选择范围如图4-2所示，温度取源部件在管道上开孔焊接安装如图4-3所示，在准备系统水压试验时，温度取源部件的安装被监理要求整改。

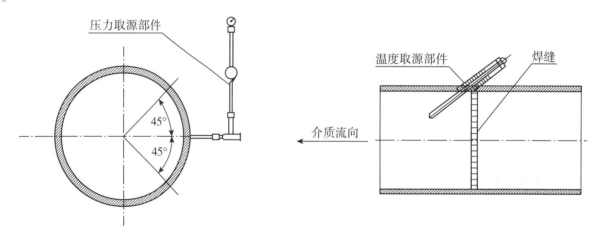

图4-2 压力取源部件安装范围示意图　　　　图4-3 温度取源部件安装示意图

【问题】

1. 本工程中，工程公司应当多长时间组织一次现场处置方案演练？应急预案演练效果应由哪个单位来评估？
2. 图4-2中取压点范围适用于何种介质管道？说明温度取源部件安装被监理要求整改的原因。
3. 联轴器是采用了哪种过盈装配方式？质量部门提出异议是否合理？写出正确的要求。
4. 为保证项目整体进度，应优先采购哪些设备？

答题区

参考答案

1.（1）本工程中，工程公司应当每半年至少组织一次现场处置方案演练。

（2）应急预案演练结束后，应急预案演练组织单位应当对应急预案演练效果进行评估，撰写应急预案演练评估报告，分析存在的问题，并对应急预案提出修订意见。

2.（1）图4-2中取压点范围适用于蒸汽介质管道。

（2）温度取源部件安装被监理要求整改的原因：

①温度取源部件顺着介质流向安装不正确；温度取源部件与管道呈倾斜角度安装时，宜逆着介质流向安装，其轴线与管道轴线相交。

②温度取源部件在管道的焊缝上开孔焊接不正确；安装取源部件时，不应在设备或管道的焊缝及其边缘上开孔及焊接。

3.（1）联轴器的装配采用加热装配法。

（2）质量部门提出异议合理。

（3）正确做法：将两个半联轴器一起转动，应每转90°测量一次，并记录5个位置的径向位移测量值和位于同一直径两端测点的轴向测量值。

4.为保证项目整体进度，应优先采购设备主装置、需要先期施工的设备以及关键线路上的设备。

【案例三】

【背景资料】

某安装公司中标某化工项目压缩厂房安装工程，主要包括厂房内设备和工艺管道的安装，工艺管道安装到厂房外第一个法兰接口，厂房内主要设备有压缩机组和32/5t桥式起重机，桥式起重机跨度30.5m，压缩机组由活塞式压缩机、汽轮机、联轴器、分离器、冷却器、润滑油站、高位油箱、干气密封系统、控制系统等辅助设备和系统组成。

安装公司进场后，编制了工程施工组织设计及各项施工方案；压缩机组安装方案对安装所用的计量器具进行了策划，计划配备百分表、螺纹规、千分表、钢卷尺、钢板尺、深度尺，监理工程师审核后，认为方案中计量器具的种类不能满足安装测量的需要，要求补充。

桥式起重机安装安全专项施工方案的"验收要求"中，针对施工机械、施工材料、测量手段三项验收内容，明确了验收标准、验收人员及验收程序，在专家论证时专家提出"验收要求"中的验收内容不完整，需要补充。

在压缩机组安装过程中，检查发现钳工使用的计量器具无检定标识，但施工人员解释，在用的计量器具全部检定合格，检定报告及检定合格证由计量员统一集中保管。

在压缩机组地脚螺栓安装前，已将基础预留孔中的杂物、地脚螺栓上的油污、氧化皮等清除干净，螺纹部分也按规定涂抹油脂，并按方案要求配置了垫铁，高度符合要求。

在压缩机组初步找平、找正，地脚螺栓孔灌浆前，监理工程师检查后，认为压缩机组地脚螺栓和垫铁安装存在质量问题，如图4-4所示，要求整改。

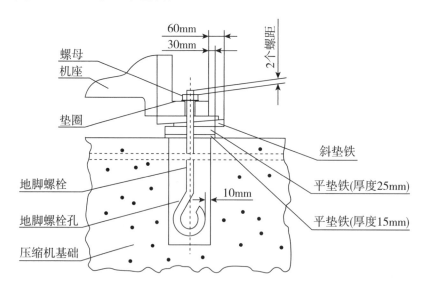

图4-4 压缩机地脚螺栓、垫铁安装示意图

压缩机组安装完毕后，按规定的运转时间进行了空负荷试运转，运行中润滑油油压保持0.3MPa，曲轴箱及机身内润滑油的温度不高于65℃，各部位无异常。

【问题】

1.本工程需要办理特种设备安装告知的项目有哪几个?在哪个时间段办理安装告知?

2.桥式起重机安装方案论证时,还须补充哪些验收内容?方案论证应由哪个单位组织?

3.压缩机组安装方案中还须补充哪几种计量器具?安装现场计量器具的使用存在什么问题?如何整改?

4.图4-4中垫铁和地脚螺栓安装存在哪些质量问题?请说明整改措施。整改后的质量检查应形成什么质量记录(表)?

5.压缩机组空负荷试运转是否合格?说明理由。

答题区

参考答案

1.(1)本工程需要办理特种设备安装告知的项目有工艺管道安装、32/5t桥式起重机安装。

(2)安装公司应在特种设备安装施工前办理书面告知。

2.(1)桥式起重机安装方案论证时,还须补充的验收内容有与危大工程施工相关的施工人员、施工环境、安全设施。

(2)方案论证应由安装公司组织。

3.(1)压缩机组安装方案中还须补充的计量器具有水平仪、水准仪、游标卡尺、塞尺、压力表、温度计、兆欧表、接地电阻测量仪等。

(2)安装现场计量器具的使用存在的问题是钳工使用的计量器具无检定标识;应对无检定标识的计量器具重新检定,且将检定合格证随附在计量器具上。

4.(1)垫铁和地脚螺栓安装存在的问题及整改措施如下:

①15mm厚的平垫铁放在最下面不符合要求;放置平垫铁时,厚的放在下面,薄的放在中间,因此由图可知15mm厚的平垫铁应放在中间。

②斜垫铁露出设备底面外缘60mm不符合要求;斜垫铁宜露出设备底面外缘10~50mm。

③地脚螺栓距离孔壁10mm不符合要求;地脚螺栓任一部分与孔壁的间距不宜小于15mm,且底端不应碰触孔底。

(2)整改后的质量检查应形成隐蔽工程验收记录(表)。

5.压缩机组空负荷试运转合格,理由如下:

(1)压缩机组运行中润滑油油压保持0.3MPa,不小于规定值0.1MPa,符合要求。

(2)运行中曲轴箱及机身内润滑油的温度不高于65℃,未超过规定值70℃,符合要求。

(3)各部位无异常现象,符合要求。

【案例四】

【背景资料】

A公司承包一个10MW光伏发电、变电和输电工程项目。该项目工期150天,位于北方草原,光伏板金属支架由工厂制作现场安装,每个光伏发电回路(660VDC,5kW)用二芯电缆接至直流汇流箱,由逆变器转换成0.4kV三相交流电,通过变电站升至35kV,采用架空线路与电网连接。

A公司项目部进场后,依据合同、设计要求和工程特点编制了施工进度计划、施工方案、安全技术措施和绿色施工要点。在10MW光伏发电工程施工进度计划(见表4-1)审批时,A公司总工程师指出项目部编制的进度计划中某两个施工内容的工作时间安排不合理,不符合安全技术措施要求,容易造成触电事故,施工内容调整后审批通过。项目部在作业前进行了施工交底,重点是防止触电的安全技术措施和草原绿色施工(环境保护)要点。

表4-1　10MW光伏发电工程施工进度计划

项目	6月			7月			8月			9月		
	1	11	21	1	11	21	1	11	21	1	11	21
支架基础、接地施工	■■■■■■											
支架及光伏板安装			■■■■■■									
电缆敷设				■■■■								
光伏板电缆接线						■■■■■						
汇流箱安装、电缆接线								■■■■				
逆变器安装、电缆接线									■■■			
系统试验调整										■■■		
系统送电验收												■■

A公司因施工资源等因素的制约,将35kV变电站和35kV架空线路分包给B公司和C公司,并要求B公司和C公司依据10MW光伏发电工程的施工进度编制进度计划,与光伏发电工程同步施工,配合10MW光伏发电工程的系统送电验收。

依据A公司项目部的进度要求，B公司按计划完成35kV变电站的安装调试工作，C公司在9月10日前完成了导线的架设连接。

光伏发电工程、35kV变电站和35kV架空线路在9月30日前系统送电验收合格，按合同要求将工程及竣工资料移交给建设单位。

【问题】

1.项目部依据进度计划安排施工时可能受到哪些因素的制约？工程分包的施工进度协调管理有哪些作用？

2.项目部应如何调整施工进度计划（表4-1）中施工内容的工作时间？为什么说该施工安排容易造成触电事故？

3.C公司在9月20日前应完成35kV架空线路的哪些测试内容？

4.写出本工程绿色施工中的土壤保护要点。

答题区

参考答案

1.（1）项目部依据进度计划安排施工时可能受到的制约因素：作业人员和施工机具配备、设备材料进场时机、机电安装工艺规律、工程实体现状、施工场地环境。

（2）施工进度协调管理的作用是把制约作用转化成和谐有序相互创造的施工条件，使进度计划安排衔接合理、紧凑可行，符合总进度计划的要求。

2.（1）10MW光伏发电工程施工进度计划调整如下：汇流箱的电缆接线工作调整到7月21日—8月10日；光伏组件的电缆接线工作调整到8月11日—8月31日。

（2）因为光伏组件串联后形成660V高压直流电，电缆与光伏组件串连接后，电缆为带电状态，在后续的电缆施工和接线中容易造成触电事故。

3. C公司在9月20日前应完成35kV架空线路的以下测试内容：

（1）测量杆塔的接地电阻值。

（2）测量绝缘子的绝缘电阻值并进行交流耐压试验。

（3）测量线路的绝缘电阻值。

（4）测量线路的工频参数。

（5）采用红外线测温仪或电压降法测量导线的接头质量。

（6）检查线路各相两侧的相位应一致。

（7）在额定电压下对空载线路进行3次冲击合闸试验。

4. 本工程绿色施工中的土壤保护要点：

（1）保护地表环境，防止土壤侵蚀流失，因施工造成的裸土及时覆盖。

（2）污水处理设施不发生堵塞、渗漏、溢出等现象。

（3）防腐保温用的油漆、绝缘脂和容易产生粉尘的材料应妥善保管，对现场地面造成污染应及时清理。

（4）有毒有害废弃物回收后交有资质的单位处理，不能作为建筑垃圾外运。

（5）施工后，恢复施工活动破坏的植被。

【案例五】

【背景资料】

A公司承包某商务园区电气工程，工程内容包括10/0.4-LN9731型变电所和供电线路的施工；室内主要电气设备（三相变压器、开关柜等）由建设单位采购，设备已运抵施工现场，其他设备材料由A公司采购。

A公司依据施工图和资源配置计划编制了变电所安装工作的逻辑关系及持续时间表，见表4-2。

表4-2 10/0.4kV变电所安装工作的逻辑关系及持续时间表

代号	工作内容	紧前工作	持续时间（天）	可压缩时间（天）
A	基础框架安装	—	10	3
B	接地干线安装	—	10	2
C	桥架安装	A	8	3
D	变压器安装	A、B	10	2
E	开关柜、配电柜安装	A、B	15	3
F	电缆敷设	C、D、E	8	2
G	母线安装	D、F	11	2
H	二次线路敷设	E	4	1
I	试验、调整	F、G、H	20	3
J	计量仪表安装	G、H	2	—
K	试运行验收	I、J	2	—

A公司将3000m电缆排管施工分包给B公司，预算单价为130元/m，工期30天，B公司签订合同后第15天结束前，A公司检查电缆排管施工进度，B公司只完成电缆排管1000m，但支付给B公司的工程进度款累计已达200000元，A公司对B公司提出警告，要求加快施工进度。

A公司对B公司进行施工质量管理协调，编制的质量检验计划与电缆排管施工进度计划一致。A公司检查发现电缆的规格型号、绝缘电阻和绝缘试验均符合要求，在电缆排管检查合格后，按施工图进行电缆敷设，供电线路按设计要求完成。

变电所设备安装后，变压器及高压电器进行了交接试验，在额定电压下对变压器进行冲击合闸试验3次，每次间隔时间3min，无异常现象，A公司认为交接试验合格，被监理工程师提出异议，要求重新进行冲击合闸试验。

建设单位要求变电所单独验收，给商务园区供电，A公司整理变电所工程验收资料，在试运行验收中，有一台变压器运行噪声较大，经有关部门检查分析及A公司提供施工文件证明不属于安装质量问题，后经变压器厂家调整处理通过验收。

【问题】

1.按表4-2计算变电所安装的计划工期，如果每项工作都按表压缩天数，变电所安装最多可以压缩到多少天？

2.计算B公司电缆排管施工的CPI和SPI，判断B公司电缆排管施工进度是提前还是落后。

3.电缆排管施工中的质量管理协调，有哪些同步性作用？10kV电力电缆应做哪些试验？

4.变压器高低压绝缘电阻测量应分别用多少伏的兆欧表？监理工程师为什么提出异议？写出正确的冲击合闸试验要求。

5.变电所工程是否可以单独验收？对于试运行验收中发生的问题A公司可以提供哪些施工文件来证明不是安装质量问题？

答题区

参考答案

1.（1）根据变电所安装工作逻辑关系及持续时间表可知，该工程的关键工作是A（B）、E、G、I、K，因此变电所安装的计划工期为10+15+11+20+2=58（天）。

（2）如果每项工作都按表压缩天数，A、B工作可同时压缩2天，E工作可压缩3天，G工作可压缩2天，I工作可压缩3天，因此总计最多可以压缩10天，故变电所安装最多可以压缩到48天。

2.根据背景资料可知，电缆排管施工第15天结束前只完成1000m，但实际已花费200000元，而按照施工进度计划，此时应完成1500m，因此：

已完工程预算费用=1000m×130元/m=130000（元）。

已完工程实际费用=200000元。

计划工程预算费用=1500m×130元/m=195000（元）。

CPI=130000/200000=0.65。

SPI=130000/195000=0.67。

由于$SPI<1$，因此B公司电缆排管施工进度落后。

3.（1）电缆排管施工中的质量管理协调，作用于质量检查或验收记录的形成与施工实体进度形成的同步性。

（2）10kV电力电缆敷设前应做交流耐压试验、直流泄漏试验。

4.（1）变压器高压绝缘电阻的测量应使用2500V兆欧表；低压绝缘电阻测量应使用500V兆欧表。

（2）监理工程师提出异议的原因：变压器在额定电压下的冲击合闸试验次数和每次间隔时间均不符合规范要求。

（3）正确的冲击合闸试验要求是，在额定电压下对变压器的冲击合闸试验，应进行5次，每次间隔时间宜为5min，应无异常现象。

5.（1）变电所工程可以单独验收。

（2）对于试运行验收中发生的问题，A公司可以提供工程合同、设计文件、施工记录和变压器安装技术说明书等施工文件来证明不是安装质量问题。

【案例六】

【背景资料】

某施工单位承建一安装工程，项目地处南方，正值雨季。项目部进场后，编制了施工进度计划和施工方案，方案中确定了施工方法、工艺要求及质量保证措施等，并对施工人员进行方案交底。

因工期紧张，设备提前到达施工现场，施工人员在循环水泵电动机安装接线时，发现接线盒内有水珠，擦拭后进行接线，如图4-5所示。

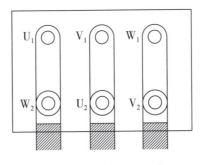

图4-5 电动机接线示意图

项目部在循环水泵单体试运转前，对电动机进行绝缘检查时，发现绝缘电阻不满足要求，采用电流加热干燥法对电动机进行干燥处理，用水银温度计测量温度时，被监理叫停。

项目部整改后，严格控制干燥温度，绝缘电阻达到规范要求。试运转中检查电动机的转向及杂声、机身及轴承温升均符合要求。

试运转完成后，项目部对电动机受潮原因调查分析，是电动机到货后未及时办理入库、露天存放未采取防护措施所致。为防止类似事件发生，项目部加强了设备仓储管理，保证了后续施工的顺利进行。

【问题】

1. 施工方案中的工序质量保证措施主要有哪些？由谁负责向作业人员进行施工方案交底？
2. 图4-5中电动机接线为何种接线方式？电动机干燥处理时为什么被监理叫停？应如何整改？
3. 电动机试运转中还应检查哪些项目？如何改变电动机的转向？
4. 到达现场的设备在检查验收合格后应如何管理？只能露天保管的设备应采取哪些措施？

答题区

参考答案

1.（1）施工方案中的工序质量保证措施主要有制定工序控制点、明确工序质量控制方法。

（2）工程施工前，由施工方案编制人员向施工作业人员进行施工方案交底。

2.（1）图中电动机接线方式为三角形连接。

（2）电动机干燥时，施工单位使用水银温度计测量温度不符合要求，因此被监理叫停。

（3）电动机干燥时，施工单位应使用酒精温度计、电阻温度计或温差热电偶测量温度。

3.（1）电动机试运转中还应检查的项目有：换向器、滑环及电刷的工作情况应正常；振动不应大于标准规定值；电动机第一次启动应在空载情况下进行，空载运行时间2h，并记录空载电流。

（2）在电源侧或电动机接线盒侧任意对调两根电源线即可改变电动机转向。

4.（1）到达现场的设备在检查验收合格后，应及时办理入库手续，对所到设备分别存储，进行标识。

（2）对保管在露天的设备应经常检查，采取防雨、防风措施，如搭设防风雨棚。

【案例七】

【背景资料】

某电力工程公司承接一办公楼变配电室安装工程，工程内容包括高低压成套配电柜、电力变压器、插接母线、槽盒、高压电缆等的采购及安装。

电力公司的采购经理依据业主方提出的设备采购相关规定编制了设备采购文件，经各部门工程师审核及项目经理审批后实施采购。

因疫情原因,劳务人员无法从外省市来该项目施工,造成项目劳务失衡、劳务与施工要求脱节,配电柜安装不能按计划进行,电力公司对劳务人员实施动态管理,调动本市的劳务人员前往该项目施工。

配电柜柜体安装固定后,专业监理工程师检查指出部分配电柜安装不符合规范要求,如图4-6所示,施工人员按要求进行了整改。

在敷设配电柜信号传输线时,质检员巡视中,发现信号传输线的线芯截面没有达到设计要求,属于不合格材料,要求施工人员停工,在上报项目部后,施工人员按要求将已敷设的信号线全部拆除。

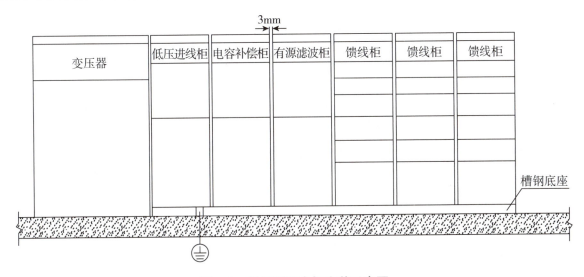

图4-6 低压侧配电柜安装示意图

【问题】

1. 设备采购文件编制依据应包括哪些文件?本项目的设备采购文件审批人是否正确?
2. 电力公司如何对劳务人员进行动态管理?对进场的劳务人员有何要求?
3. 写出图4-6中整改的规范要求,柜体垂直度及盘面允许偏差是多少?
4. 当发现不合格信号线时应如何处置?

参考答案

1.（1）设备采购文件编制依据：工程项目建设合同、设备请购书、采购计划、业主方对设备采购的相关规定。

（2）本项目的设备采购文件审批人正确，理由是设备采购文件由项目采购经理编制后，经进度工程师和费控工程师审核，由项目经理审批后实施。

2.（1）电力公司应根据生产任务和施工条件的变化对劳动力进行跟踪平衡、协调，以解决劳务失衡、劳务与生产要求脱节的问题。

（2）进场劳务人员应取得特种作业操作证（电工证）。

3.（1）基础型钢的接地应不少于2处，且连接牢固、导通良好。

（2）每台柜体均应单独与基础型钢做接地保护连接。

（3）柜体相互间接缝不应大于2mm。

（4）柜体安装垂直度允许偏差不应大于1.5‰，成列盘面偏差不应大于5mm。

4.（1）当发现不合格信号线时，应及时停止该工序的施工作业或停止材料使用，并进行标识隔离。

（2）已经发出的材料应及时追回。

（3）属于业主提供的材料应及时通知业主和监理。

（4）对于不合格的信号线，应联系供货单位提出更换或退货要求。

（5）已经形成半成品或制成品的过程产品，应组织相关人员进行评审，提出处置措施。

（6）实施处置措施。

【案例八】

【背景资料】

某厂的机电安装工程由A安装公司承包施工，土建工程由B建筑公司承包施工，A安装公司和B建筑公司均按照《建设工程施工合同（示范文本）》与建设单位签订了施工合同。

合同约定，A安装公司负责工程设备和材料的采购，合同工期为214天（3月1日到9月30日），工程提前1天结束奖励2万元，延误1天罚款2万元。

合同签订后，A安装公司项目部编制了施工方案、施工进度计划和设备采购计划，并经建设单位批准。

合同实施过程中发生了如下事件：

事件1：A安装公司项目部进场后，因B建筑公司的原因，土建工程延期10天交付给A安装公司项目部，使得A安装公司项目部的开工时间延后10天。

事件2：因供货厂家原因，订购的不锈钢阀门延期15天送达施工现场。A安装公司项目部对阀门进行了外观检查，阀体完好、开启灵活，准备用于工程管道安装，被监理工程师叫停，要求对不锈钢阀门进行试验，项目部对不锈钢阀门进行了试验，试验全部合格。

事件3：监理工程师发现，A安装公司项目部已开始进行压力管道安装，但未向本市特种设备安全监督管理部门书面告知。监理工程师发出停工整改指令，项目部进行了整改，并向本市特种设备安全监督管理部门书面告知。

因以上事件造成安装工期延误，A安装公司项目部及时向建设单位提出工期索赔，要求增加工期25天。项目部采取了技术措施，施工人员加班加点赶工期，使得机电安装工程在10月4日完成。

该机电安装工程完工后，建设单位未经工程验收就在10月4日擅自投入使用，在使用3天后发现不锈钢管道焊缝渗漏严重。建设单位要求项目部进行返工抢修，项目部抢修后，经再次试运转检验合格，并于10月11日重新投用。

【问题】

1. 送达施工现场的不锈钢阀门应进行哪些试验？写出不锈钢阀门试验介质的要求。
2. 不锈钢管道焊接后的检验内容有哪些？
3. A安装公司项目部应得到工期提前奖励还是工期延误罚款？金额是多少万元？说明理由。
4. 该工程的保修期应从何日起算？写出工程保修的工作程序。

参考答案

1.（1）送达施工现场的不锈钢阀门应进行壳体压力试验、密封试验、光谱分析试验。

（2）不锈钢阀门进行试验应以洁净水为试验介质，水中氯离子含量不超过25ppm，试验温度宜为5～40℃。

2.不锈钢管道焊接后的检验内容：外观检查、焊缝无损检测、强度试验、致密性试验。

3.（1）A安装公司项目部应得到工期提前奖励。

（2）奖励金额是12万元。

（3）事件1，由于B建筑公司的原因，土建工程延期10天交付给A安装公司，导致A安装公司开工时间延误10天，且必然影响总工期，此外该事件的发生不属于A安装公司的责任，因此可以索赔10天；事件2，因供货厂家原因，订货的不锈钢阀门延期15天到达现场，属于A安装公司自身原因，不可索赔；因此可以索赔的工期是10天，即算上可索赔的工期应在10月10日完工，该工程实际完工时间为10月4日，提前6天，因此A安装公司项目部应得到的工期提前奖励金额为6×2=12（万元）。

4.（1）建设工程的保修期应自竣工验收合格之日起开始计算；在建设工程未经竣工验收的情况下，发包人擅自使用的，以建设工程转移占有日为竣工日期，因此该工程的保修期应从10月4日起算。

（2）工程保修的工作程序：

①工程竣工验收的同时，由施工单位向建设单位发送机电安装工程保修书。

②建设单位或用户发现使用功能不良，或是由于施工质量而影响使用，可以口头或书面方式通知施工单位派人前往检查修理。

③施工单位必须尽快派人前往检查，并会同建设单位作出鉴定，提出修理方案，并尽快组织人力、物力，按用户要求的期限进行修理。

④修理完毕后应在保修证书的"保修记录"栏内做好记录，经建设单位验收签认。

【案例九】

【背景资料】

某工业安装工程项目，工程内容包括工艺管道、设备、电气及自动化仪表安装调试。

工程的循环水泵为离心泵，两用一备，泵的吸入管道和排出管道均设置了独立且牢固的支架；泵的吸入口和排出口均设置了变径管，变径管的长度为管径差的6倍；泵的水平吸入管向泵的吸入口方向倾斜，倾斜度为8‰，泵的吸入口前直管段长度为吸入口直径的5倍，水泵扬程为80m。

在质量检查时，发现水泵的吸入管路和排出管路上存在着管件错用、管件漏装和安装位置错误等质量问题，如图4-7所示，不符合规范要求，监理工程师要求项目部进行整改。随后上级公司对项目质量检查时发现，项目部未编制水泵安装质量预控方案。

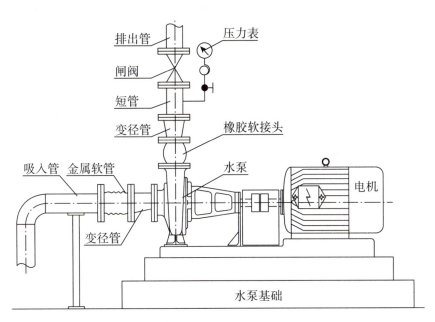

图4-7 水泵安装示意图

本工程的工艺管道设计材质为12CrMo（铬钼合金钢），在材料采购时，施工所在地的钢材市场无现货，只有15CrMo材质钢管，且规格型号符合设计要求，由于工期紧张，项目部采取了材料代用措施。

【问题】

1. 指出图中管件安装的质量问题，应如何整改？
2. 水泵安装质量预控方案包括哪几方面的内容？
3. 写出工艺管道材料代用需要办理的手续。
4. 15CrMo材质钢管的进场验收有哪些要求？

参考答案

1.图中管件安装的质量问题及相应的整改措施如下：

（1）水泵吸水管上安装金属软管不符合要求，应将该金属软管更换为橡胶软管，即柔性接头。

（2）水泵出水管上变径管安装位置不符合要求，应将变径管安装在水泵和橡胶软管之间。

（3）水泵吸水管和出水管漏装管件不符合要求，吸水管上应安装闸阀、压力表、过滤网；出水管上还应安装止回阀。

（4）水泵和电机底座应设置减震装置。

2.水泵安装质量预控方案包括工序名称、可能出现的质量问题、提出的质量预控措施。

3.由项目部的专业工程师提出材料代用的设计变更申请单，经项目部技术部门审核后，送交建设（监理）单位审核；经设计单位同意后，由设计单位签发设计变更通知书，并经建设（监理）单位会签后生效。

4.15CrMo材质钢管的进场验收要求如下：

（1）检查管道元件及材料的产品质量证明文件。

（2）核对管道元件及材料的材质、规格、型号、数量和标识，并进行外观质量和几何尺寸的检查验收。

（3）采用光谱分析的方法对材质进行复查，并做好标识。

【案例十】

【背景资料】

某安装公司承包大型制药厂机电安装工程，工程内容包括设备、管道和通风空调等的安装。

安装公司对施工组织设计的前期实施进行了监督检查：施工方案齐全，临时设施通过验收，施工人员按计划进场，技术交底满足要求，但采购材料过程中出现的资金问题影响了施工进度。

不锈钢管道系统安装后，施工人员使用洁净水（水中氯离子含量小于25ppm）对管道系统进行试压时（见图4-8），监理工程师认为压力试验条件不符合规范规定，要求整改。

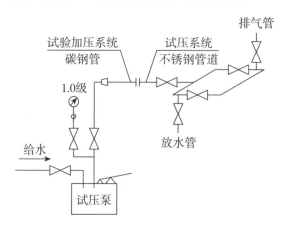

图4-8 管道系统水压试验示意图

由于现场条件限制，有部分工艺管道系统无法进行水压试验，经设计和建设单位同意，允许安装公司对管道环向对接焊缝和组成件连接焊缝采用100%无损检测代替现场水压试验，检测后设计单位对工艺管道系统进行了分析，符合质量要求。

检查金属风管制作质量时，监理工程师对少量风管的板材拼接有十字形接缝的问题提出整改要求。安装公司对其进行了返修和加固处理，风管加固后外形尺寸改变但仍能满足安全使用要求，验收合格。

【问题】

1. 安装公司在施工准备和资源配置计划中哪几项完成得比较好？哪几项需要改进？
2. 图4-8中的水压试验有哪些不符合规范规定？写出正确的做法。
3. 背景中的工艺管道系统的焊缝应采用哪几种检测方法？设计单位对工艺管道系统应如何分析？
4. 监理工程师提出整改要求的做法是否正确？说明理由。加固后的风管可按什么文件进行验收？

【答题区】

参考答案

1.（1）施工准备中的技术准备和现场准备完成得比较好，资金准备需要改进。

（2）资源配置计划中的劳动力配置计划完成得比较好，物资配置计划需要改进。

2.（1）压力表的数量仅为1块不符合规范要求，压力表的数量应不少于2块，须增加1块压力表。

（2）压力表的安装位置不符合规范要求；压力表应安装在加压系统的第一个阀门后和系统最高点排气阀处。

（3）碳钢管和不锈钢管直接连接会发生电化学腐蚀，不符合规范要求；不同材质的管道的连接应采取防止发生电化学腐蚀的措施，可采用与管道相同材质的过渡件进行连接，或用与管道相同材质的法兰分别与管道焊接后，再用螺栓连接。

3.（1）对管道环向对接焊缝应进行100%射线检测和100%超声检测；对组成件连接焊缝应进行100%渗透检测或100%磁粉检测。

（2）设计单位对工艺管道系统应进行柔性分析。

4.（1）监理工程师提出整改要求的做法正确；风管板材拼接的接缝应错开，不得有十字形接缝。

（2）加固后的风管可按技术处理方案和协商文件进行验收。

【案例十一】

【背景资料】

某施工单位承接一处500kt/d的金属矿综合回收技术改造项目，该项目熔炼房内设有一台冶金桥式起重机，额定起重量为50t，跨度为19m，安装方案采用直立单桅杆吊装系统进行设备就位安装。

工程中的氧气管道设计压力为0.8MPa，材质为20号钢、304不锈钢、324不锈钢，规格主要有Φ377、Φ325、Φ159、Φ108、Φ89、Φ76，制氧站到地上管网及底吹炉、阳极炉、鼓风机房界区内的工艺管道共有约1500m。

施工单位编制了施工组织设计和各项施工方案，经审批通过，在氧气管道安装合格具备压力试验条件后，对管道系统进行了强度试验。

采用氮气作为试验介质，先缓慢升压到设计压力的50%，经检查无异常，再以10%试验压力逐级升压，每级稳压3min，直至试验压力，稳压10min降到设计压力，检查管道无泄漏。

为了保证富氧底吹炉内衬砌筑质量，施工单位对砌筑中的质量问题进行了现场调查并统计出质量问题，如表4-3所示，针对各质量问题分别用因果分析图法进行分析，经确认找出了导致问题发生的主要原因。

表4-3 富氧底吹炉砌筑质量问题统计表

序号	质量问题	频数（点）	累计频数（点）	频率（%）	累计频率（%）
1	错牙	44	44	47.3	47.3
2	三角缝	31	75	33.3	80.6
3	圆周砌体的圆弧度超差	8	83	8.6	89.2
4	端墙砌体的平整度超差	5	88	5.4	94.6
5	炉膛砌体的线尺寸超差	2	90	2.2	96.8
6	膨胀缝宽度超差	1	91	1.0	97.8
7	其他	2	93	2.2	100.0
8	合计	93	—	—	—

【问题】

1.本工程哪个设备安装应编制危大工程专项施工方案？该方案编制后必须经过哪个步骤才能实施？

2.施工单位承接本项目应具备哪些特种设备施工许可资格？

3.影响富氧底吹炉砌筑的主要质量问题有哪几个？累计频率是多少？找到导致质量问题出现的主要原因之后要做什么工作？

4.直立单桅杆吊装系统由哪几部分组成？卷扬机走绳、缆风绳和起重机捆绑绳的安全系数应分别不小于多少？

5.氧气管道的酸洗钝化有哪些工序内容？计算氧气管道采用氮气进行压力试验的试验压力。

答题区

参考答案

1.（1）本工程冶金桥式起重机的安装应编制危大工程专项施工方案。

（2）该专项施工方案编制后，应当通过施工单位审核和总监理工程师审查，再由施工单位组织召开专家论证会对专项施工方案进行论证，论证通过后才能实施。

2.施工单位承接本项目应具备压力管道安装许可资格、起重机械安装许可资格。

3.（1）影响富氧底吹炉砌筑的主要质量问题有错牙和三角缝，累计频率是80.6%。

（2）找到导致质量问题出现的主要原因之后要做的工作是质量问题评审处置，需要对质量问题进行处理的，要制定纠正措施，并根据质量问题的范围、性质、原因和影响程度，确定处置方案，经建设单位、监理单位同意并批准后组织实施。

4.（1）直立单桅杆吊装系统由桅杆、缆风系统、提升系统、托排滚杠系统、牵引溜尾系统等组成。

（2）卷扬机走绳的安全系数不小于5，缆风绳的安全系数不小于3.5，起重机捆绑绳的安全系数不小于6。

5.（1）氧气管道的酸洗钝化工序内容有脱脂去油、酸洗、水洗、钝化、水洗、无油压缩空气吹干。

（2）氧气管道采用氮气进行压力试验的试验压力应为设计压力的1.15倍，即1.15×0.8=0.92（MPa）。

【案例十二】

【背景资料】

A公司中标某工业改建工程，合同内容包含厂区内所有的设备及工艺管线安装等施工总承包。A公司进场后，根据工程特点对工程合同进行了分析管理，将其中亏损风险较大的部分埋地工艺管道（设计压力为0.2MPa）的施工分包给具有相应资质的B公司。

A公司对B公司进行合同交底后，A公司派出代表对B公司从施工准备、进场施工、工序交验、工程保修以及技术等方面进行了管理。

B公司进场后，由于建设单位无法提供原厂区埋地管线图，B公司在施工时挖断供水管道，造成A公司65万元材料浸水无法使用，机械停滞总费用43万元，每天人员窝工费用4.8万元，工期延误25天，B公司机械停滞费用18万元。

管沟开挖完成后，当地发生疫情，导致所有员工被集中隔离，产生总隔离费用54万元，为此A公司向建设单位提交了工期及费用索赔文件。

B公司在埋地钢管施工完成后，编制了该部分管道的液压清洗方案，方案因工艺管道埋地部分设计未明确试验压力，拟用0.3MPa的试验压力进行试验，管道油清洗后采取保护措施，该方案被A公司否定。

A公司在质量巡查中，发现工艺管道安装中的膨胀节内套焊缝、法兰及管道对口部位不符合规范要求，如图4-9所示，要求整改。

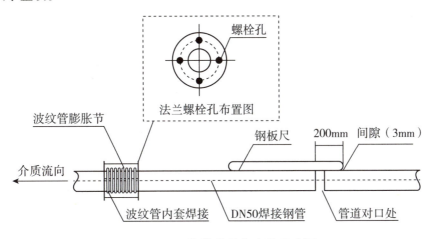

图4-9 工艺管道节点安装示意图

【问题】

1. A公司还应从哪些方面对B公司进行全过程管理？
2. 计算A公司可以索赔的费用，索赔成立的前提条件是什么？
3. 该工程的埋地管道试验压力应为多少MPa？对清洗合格的管道应采取哪种保护措施？
4. 说明A公司要求对工业管道安装进行整改的原因。

参考答案

1. A公司还应从竣工验收、质量、安全、进度、工程款支付等方面对B公司进行全过程管理。

2.（1）A公司可以索赔的费用：65+43+4.8×25+18=246（万元）。

（2）索赔成立的前提条件：

①与合同对照，事件已经造成了承包人工程项目成本的额外支出或直接工期损失。

②造成费用增加或工期损失的原因，按合同约定不属于承包人的行为责任或风险责任。

③承包人按合同规定的程序和时间提交索赔意向通知和索赔报告。

3.（1）根据规范要求，埋地钢管道的试验压力应为设计压力的1.5倍且不低于0.4MPa，本工程埋地管道设计压力为0.2MPa，经计算1.5×0.2=0.3（MPa），小于0.4MPa，因此本工程埋地管道的试验压力应为0.4MPa。

（2）油清洗合格后的管道，应采取封闭或充氮保护措施。

4.（1）波纹管膨胀节内套焊缝安装在介质流向的流出端不符合要求；波纹管膨胀节或补偿器内套有焊缝的一端，水平管路上应安装在水流的流入端，垂直管路上应安装在上端。

（2）法兰螺栓孔中心线与管道的垂直中心线和水平中心线重合不符合要求；法兰螺栓孔应跨中布置。

（3）管道对口处的平直度偏差为3/200=1.5%不符合要求；管道对口平直度允许偏差应为1%。

【案例十三】

【背景资料】

某工程使用3台热管蒸汽发生器提供蒸汽，产生的蒸汽经集汽缸汇集后，由一条蒸汽管道输送至用汽车间，热管蒸汽发生器部分数据见表4-4，蒸汽集汽缸数据见表4-5。

表4-4 热管蒸汽发生器部分数据

额定蒸发量（t/h）	1.0	额定蒸汽压力（MPa）	1.0
锅内水容积（L）	27	额定蒸汽温度（℃）	190
NO_x排放（mg/m³）	<30	机组重量（kg）	2980

表4-5 蒸汽集汽缸数据

产品名称	集汽缸			⑮
产品编号		压力容器类型	Ⅱ类	制造日期
设计压力	1.6MPa	耐压试验压力	2.2MPa	最高允许工作压力
设计温度	203℃	容器净重	296kg	主体材料 Q345R
容积	0.28m³	工作介质	水蒸气	产品标准
制造许可级别	D	制造许可证编号		

蒸汽管道采用无缝钢管，材质为20号钢，蒸汽管道设计压力为1.0MPa，设计温度为190℃，属于GC2级

压力管道；管道连接方式为氩电联焊，焊缝按照设计要求进行射线检测；管道阀门采用法兰连接，管道需进行保温。

工程所有设备、工艺管道、电气系统及自控系统等安装工程由A安装公司承担，B咨询公司担任工程监理。

工程开工后，A安装公司根据特种设备的有关法规向特种设备安全管理部门提交了蒸汽管道和集汽缸的施工告知书，监理工程师认为蒸汽发生器是整个系统压力和温度最高的设备，也应按特种设备的要求办理施工告知。

【问题】

1.监理工程师提出的"蒸汽发生器也按特种设备的要求办理施工告知"的要求是否正确？说明理由。

2.管道安装中，哪些人员需要持证上岗？

3.计算蒸汽管道的水压试验压力。蒸汽集汽缸能否与管道作为一个系统按管道试验压力进行试验？说明理由。

4.本工程施工需要哪些主要施工机械及工具？

参考答案

1.（1）监理工程师提出的"蒸汽发生器也按特种设备的要求办理施工告知"的要求不正确。

（2）理由：蒸汽发生器虽然工作压力超过了0.1MPa，但是其容积低于规定的30L，因此蒸汽发生器不属于特种设备安全法所规定的特种设备，不需要在施工前办理书面告知。

2.管道安装中，需要持证上岗的人员有：电工作业人员、金属焊接切割作业人员、起重机械作业人员、企业内机动车辆驾驶人员、登高架设作业人员、压力容器作业人员、放射线作业人员。

3.（1）蒸汽管道的水压试验压力应为设计压力的1.5倍，即为1.5×1.0=1.5（MPa）。

（2）蒸汽集汽缸可以与管道作为一个系统并按管道的试验压力进行压力试验。

（3）根据相关规定，当管道的试验压力小于等于设备的试验压力时，管道与设备可以作为一个系统并按管道的试验压力进行压力试验；本工程管道的试验压力是1.5MPa，蒸汽集汽缸的试验压力是2.2MPa，管道的试验压力小于设备的试验压力，因此蒸汽集汽缸可以与管道作为一个系统并按管道的试验压力进行压力试验。

4.本工程施工需要用到的主要施工机械及工具有：汽车起重机、小型起重工具、管道切割机、电焊机、射线探伤机、试压泵、力矩扳手、钢卷尺、螺丝刀、钳子。

【案例十四】

【背景资料】

某机电安装公司承接南方沿海某成品油灌区的安装任务，该公司项目部认真组织施工，在第一批油罐底板到达现场后，即组织下料作业，连夜进行喷砂除锈。

施工人员克服了在空气相对湿度达90%的闷湿环境下的施工困难，每20min完成一批钢板的除锈，露天作业6h后，终于完成了整批底板的除锈工作，其后开始底漆喷涂作业。

质检员检查底漆喷涂质量后发现，涂层存在大量的返锈、大面积气泡等质量缺陷，统计数据如表4-6所示：

表4-6 质量缺陷数据统计表

序号	缺陷名称	缺陷点数（点）	占缺陷总数的百分比（%）
1	局部脱皮	20	10.0
2	大面积气泡	29	14.5
3	返锈	131	65.5
4	流挂	6	3.0
5	针孔	9	4.5
6	漏涂	5	2.5

项目部启动了质量问题处理程序，针对产生的质量问题，分析了原因，明确了整改方法，在整改措施完善后将质量问题妥善处理，并按原验收规范进行验收。

底板敷设完成后，焊工按技术人员的交底，点焊固定后，先焊长焊缝，后焊短焊缝，采用大焊接线能量分段退焊。在底板焊接工作进行到第二天时，出现了很明显的波浪变形。项目总工及时组织技术人员改正原交底中错误的做法，并采取措施，矫正焊接变形，项目继续受控推进。

项目部采取措施，调整进度计划，采用赢得值法监控项目的进度和费用，绘制了项目执行60天的赢得值分析法曲线图，如图4-10所示。

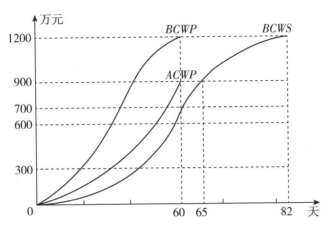

图4-10 赢得值分析法曲线图

【问题】

1. 项目部在喷砂除锈和底漆喷涂作业中有哪些错误之处？

2. 根据质检员的统计表，按排列图法，将底漆质量分别归类为A类因素、B类因素和C类因素。

3. 项目部就底漆质量缺陷应分别做何种后续处理？制定的质量问题整改措施还应包括哪些内容？

4. 指出技术人员底板焊接交底中的错误之处并纠正。

5. 根据赢得值分析法曲线图，指出项目进度在第60天时超前或滞后了多少万元？若用时间表达，是超前或滞后了多少天？第60天时，项目费用超支或结余了多少万元？

参考答案

1.（1）在进行喷砂或打磨处理前未用高压洁净水冲洗表面。

（2）空气湿度大于85%时未停止表面处理作业。

（3）喷砂除锈和底漆喷涂作业时间间隔过长且无保护措施。

2.排列图法是把影响质量的项目按照从重要到次要的顺序排列，并按累计频率分为A类、B类、C类等三类因素，累计频率在0~80%的为A类因素，80%~90%的为B类因素，90%~100%的为C类因素。

因此，根据质检员的统计表，按排列图法经计算可知：

A类因素有：返锈、大面积气泡。

B类因素有：局部脱皮。

C类因素有：针孔、流挂、漏涂。

3.（1）返锈、大面积气泡做返工处理；局部脱皮、针孔、流挂、漏涂等做返修处理。

（2）制定的质量问题整改措施还应包括整改时间、整改人员、质量要求，整改完成后按原施工质量验收规范进行验收。

4.（1）底板焊接时不应先焊长焊缝、后焊短焊缝，应先焊短焊缝、后焊长焊缝。

（2）底板焊接时不应采用大的焊接线能量，应采用较小的焊接线能量进行焊接作业。

5.（1）根据赢得值分析法曲线图，项目进度在第60天时，进度偏差SV=已完工程预算费用BCWP-计划工程预算费用BCWS=1200-700=500（万元）>0，因此项目进度在第60天时超前了500万元。

（2）若用时间表达，项目进度在第60天时超前了22天，即项目原本计划于第82天完成1200万元的工程，实际在第60天即已完成此目标，82-60=22（天）。

（3）根据赢得值分析法曲线图，项目进度在第60天时，费用偏差CV=已完工程预算费用BCWP-已完工程实际费用ACWP=1200-900=300（万元）>0，因此项目费用在第60天时结余了300万元。

【案例十五】

【背景资料】

A公司承担某炼化项目的硫磺回收装置施工总承包任务，其中烟气脱硫系统包含的烟囱由外筒和内筒组成，外筒为钢筋混凝土筒壁，高145m；内筒为等直径自立式双管钢筒，高150m，内筒与外筒之间有8层钢结构平台，每层之间由钢梯连接，钢结构平台安装标高，如图4-11所示。

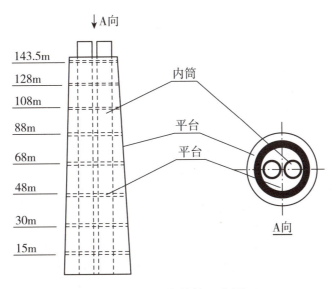

图4-11 烟囱结构示意图

钢筒的制造、检验和验收按《钢制焊接常压容器》的规定进行，钢筒材质为S31603+Q345C；钢筒外壁基层表面的除锈质量达到Sa2.5级进行防腐，裙座以上设外保温，裙座以下设内、外防火层。

A公司与B公司签订了烟囱钢结构平台及钢梯分包合同，与C公司签订了钢筒分段现场制造及安装分包合同，与D公司签订了钢筒防腐保温绝热分包合同。

施工前，A公司依据《建筑工程施工质量验收统一标准》和《工业安装工程质量检验评定统一标准》的规定，对烟囱工程进行了分部、分项工程的划分，并通过了建设单位的批准。

B公司施工前，编制了钢平台和钢梯吊装专项方案，利用烟囱外筒顶部预置的两根吊装钢梁，悬挂两套滑车组，通过在地面的两台卷扬机牵引滑车组提升钢平台和钢梯；编制方案时，通过分析不安全因素，识别出显性的和潜在的危险源。

C公司首次从事钢筒所用材质的焊接任务，进行了充分的焊接前技术准备，完成了焊接工作所必需的工艺文件，选择合格的焊工，验证施焊能力，顺利完成了钢筒的制造、组对焊接和检验等工作。

在钢筒外壁除锈前，D公司质量员对钢筒外表面进行了检查且表面平整，同时还重点检查了焊缝表面，其中焊缝余高均小于2mm，且过渡平滑，满足施工质量验收规范的要求。

【问题】

1. 烟囱工程按验收统一标准可划分为哪几个分部工程？
2. 钢结构平台在吊装过程中，吊装设施的主要危险因素有哪些？

3.C公司在焊接前应完成哪几个焊接工艺文件?焊工应取得什么证书?

4.钢筒外表面除锈应采取哪种方法?在焊缝外表面的质量检查中不允许存在的质量缺陷还有哪些?

答题区

参考答案

1.烟囱工程按验收统一标准可划分的分部工程:

(1)烟囱外筒钢筋混凝土结构分部工程。

(2)烟囱平台及梯子钢结构安装分部工程。

(3)烟囱内筒设备安装分部工程。

(4)烟囱内筒防腐蚀分部工程。

(5)烟囱内筒绝热分部工程。

2.钢结构平台在吊装过程中,吊装设施的主要危险因素:

(1)烟囱外筒顶端支撑钢结构吊装钢梁的混凝土强度不能满足承载能力的要求。

(2)钢结构吊装钢梁强度及稳定性不够。

(3)钢丝绳安全系数不够。

(4)起重机具(卷扬机、滑车组)不能满足使用要求。

3.(1)C公司在焊接前应完成的焊接工艺文件有:焊接工艺评定报告、焊接作业指导书。

(2)焊工应取得的证书是特种作业操作证。

4.（1）钢筒外表面除锈应采用喷射除锈或抛射除锈。

（2）在焊缝外表面的质量检查中，不允许存在的质量缺陷还有裂纹、未焊透、未焊满、未熔合、表面气孔、外漏夹渣。

【案例十六】

【背景资料】

A施工单位中标北方某石油炼化项目，项目的冷换框架采用模块化安装，整个冷换框架分成4个模块，最大一个模块重132t，体积为12m×18m×26m，并在项目旁设立预制厂，进行模块的钢结构制作、换热器安装、管道敷设、电缆桥架安装和照明灯具安装等；由项目部对模块制造的质量、进度、安全等方面进行全过程管理。

A施工单位项目部进场后策划了节水、节地的绿色施工内容，组织了对单位工程绿色施工的施工阶段评价，对预制厂的模块制造进行了危险识别，识别了触电、物体打击等风险，监理工程师要求项目部完善策划。

在气温-18℃时，订购的低合金材料运抵预制厂，项目部质检员抽查了材料质量，并在材料下料切割时抽查了钢材切割面有无裂纹和大于1mm的缺棱，对变形的型材，在露天进行冷矫正，项目部质量经理发现问题后，及时进行了纠正。

模块制造完成后，采用1台750t履带起重机和1台250t履带起重机及平衡梁的抬吊方式安装就位。

模块建造费用详见表4-7，项目部采用赢得值法分析项目的相关偏差，指导项目运行，经过4个月的紧张施工，单位工程陆续具备验收条件。

表4-7 模块建造费用表

项目	第一个月底时累计（万元）	第二个月底时累计（万元）	第三个月底时累计（万元）	第四个月底时累计（万元）
已完工程预算费用	600	960	1350	1680
计划工程预算费用	550	950	1500	1700
已完工程实际费用	660	1080	1580	1760

【问题】

1.项目部的绿色施工策划还应补充哪些内容？单位工程施工阶段的绿色施工评价由谁组织？并由哪些单位参加？

2.项目部还应在预制厂识别出模块制造时的哪些风险？

3.在型钢矫正方面有哪些不妥？

4.第二个月底到第三个月底期间项目进度超前还是落后了多少万元？此期间项目盈利还是亏损了多少万元？

答题区

参考答案

1.（1）项目部的绿色施工策划还应补充节材、节能以及环境保护等内容。

（2）单位工程施工阶段的绿色施工评价由监理单位组织，并由建设单位和施工单位项目部参加。

2.项目部还应在预制厂识别出的风险有：触电、火灾、倒塌坍塌、高空坠落、物体打击、吊装伤害、机械伤害、射线伤害。

3.在型钢矫正方面，在气温-18℃的预制厂对变形的型材在露天进行冷矫正不符合要求；低合金结构钢在环境温度低于-12℃时不应冷矫正和冷弯曲，应加热矫正，加热温度应为700～800℃，最高温度严禁超过900℃，最低温度不得低于600℃，加热矫正后自然冷却。

4.由模块建造费用表可知，第二个月底到第三个月底期间：

已完工程预算费用为1350-960=390（万元）。

计划工程预算费用为1500-950=550（万元）。

已完工程实际费用为1580-1080=500（万元）。

因此：

进度偏差=已完工程预算费用-计划工程预算费用=390-550=-160（万元）。

费用偏差=已完工程预算费用-已完工程实际费用=390-500=-110（万元）。

由此可知，第二个月底到第三个月底期间项目进度落后了160万元，在此期间项目亏损了110万元。

【案例十七】

【背景资料】

某施工单位以EPC总承包模式中标一大型火电工程项目,总承包范围包括工程勘察设计、设备材料采购、土建安装工程施工,直至验收交付生产。

按合同规定,该施工单位投保建筑安装工程一切险和第三者责任险,保险费由该施工单位承担。

为了控制风险,施工单位组织了风险识别、风险评估,对主要风险采取风险规避等风险防范对策。

根据风险控制要求,由于工期紧、正值雨季、采购设备数量多、价值高,施工单位对采购本合同工程的设备材料,根据海运、陆运、水运和空运等运输方式投保运输一切险,在签订采购合同时明确由供应商负责购买并承担保费,按设备材料价格投保,保险区段为供应商仓库到现场交货为止。

施工单位成立了设备采购小组,组织编写了设备采购文件,开展设备招标,组织专家按照《中华人民共和国招标投标法》的规定,进行设备采购评审,选择设备供应商,并签订供货合同。

220kV变压器安装完成后,电气试验人员按照交接试验标准规定,进行了变压器绝缘电阻测试、变压器极性和接线组别测试、变压器绕组连同套管直流电阻测量、直流耐压和泄漏电流测试等电气试验,监理检查认为变压器电气试验项目不够,应补充试验。

发电机定子到场后,施工单位按照施工作业文件的要求,采用液压提升装置将定子吊装就位,发电机转子到场后,根据施工作业文件及厂家技术文件要求,进行了发电机转子穿装前的气密性试验,重点检查了转子密封情况,试验合格后,采用滑道式方法将转子穿装就位。

【问题】

1. 风险防范对策除了风险规避外还有哪些?该施工单位将运输一切险交由供货商负责购买属于何种风险防范对策?
2. 设备采购文件的内容由哪些部分组成?设备采购评审包括哪几部分?
3. 按照电气设备交接试验标准的规定,220kV变压器的电气试验项目还有哪些?
4. 发电机转子穿装前气密性试验的重点检查内容有哪些?发电机转子穿装常用方法还有哪些?

参考答案

1.（1）风险防范对策除了风险规避外还有风险管控、风险转移、风险消减。

（2）该施工单位将运输一切险交由供货商负责购买属于风险转移。

2.（1）设备采购文件由设备采购技术文件和设备采购商务文件组成。

（2）设备采购评审包括技术评审、商务评审、综合评审。

3. 220kV变压器的电气试验项目还有：变压器的绝缘油试验、绕组连同套管的交流耐压试验、额定电压冲击合闸试验、变压器的变比测量及相位检查。

4.（1）发电机转子穿装前气密性试验重点检查的是集电环下导电螺钉、中心孔堵板的密封状况。

（2）发电机转子穿装常用方法还有接轴的方法、用后轴承座作平衡重量的方法、用两台跑车的方法。

【案例十八】

【背景资料】

某机电工程公司通过招标承包了一台660MW火电机组安装工程，工程开工前，施工单位向监理工程师提交了工程安装主要施工进度计划（如图4-12所示，单位：天），满足合同工期的要求并获业主批准。

在施工进度计划中，因为工作E和G所需吊装载荷基本相同，所以租赁了同一台塔吊安装，并计划在第76天进场。

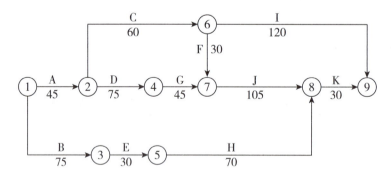

图4-12 施工进度计划

在锅炉设备搬运过程中，由于故障叉车在搬运途中失控，使所运设备受损，返回制造厂维修，工作B中断20天，监理工程师及时向施工单位发出通知，要求施工单位调整进度计划，以确保工程按合同工期完成。对此施工单位提出了调整方案，即将工作E调整为工作G完成后开工。

在塔吊施工前，施工单位组织编写了吊装专项施工方案，并经审核签字后组织实施。

该工程安装完毕后，施工单位在组织汽轮机单机试运转中发现，在轴系对轮中心找正过程中，轴系联结时的复找存在一定误差，导致设备运行噪声过大，经再次复找后满足了要求。

【问题】

1.在原计划中如果按照先工作E后工作G的顺序组织吊装,塔吊应安排在第几天投入使用可使其不闲置?说明理由。

2.工作B停工20天后,施工单位提出的计划调整方案是否可行?说明理由。

3.塔吊专项施工方案在施工前应由哪些人员签字?塔吊选用除了考虑吊装载荷参数外还应考虑哪些基本参数?

4.汽轮机轴系对轮中心找正除轴系联结时的复找外还包括哪些找正?

答题区

参考答案

1.(1)在原计划中如果按照先工作E后工作G的顺序组织吊装,塔吊应安排在第91天投入使用可使其不闲置。

(2)工作G第121天开始吊装,因此,为使塔吊连续作业不闲置,只需要使工作E在第120天结束吊装即可,由于工作E的持续时间为30天,因此工作E应自第91天开始进行吊装作业,即塔吊应安排在第91天投入使用可使其不闲置。

2.(1)工作B停工20天后,施工单位提出的计划调整方案可行。

(2)理由:工作E和工作G共用一台塔吊,工作B延误20天后,先进行工作G吊装,工作G第165天完工(45+75+45=165),因此工作E的工期延误天数为90天(165-75=90);由于工作E的总时差为95天(45+75+45+105-75-30-70=95),工作E的工期延误天数小于总时差,因此不会影响总工期,计划调整方案可行。

3.（1）塔吊专项施工方案在施工前应由机电工程公司单位技术负责人、项目总监理工程师签字。

（2）塔吊选用除了考虑吊装载荷参数外，还应考虑计算载荷、额定起重量、最大幅度、最大起升高度。

4.汽轮机轴系对轮中心找正除轴系联结时的复找外，还包括轴系初找、凝汽器灌水至运行重量后的复找、汽缸扣盖前的复找、基础二次灌浆前的复找、基础二次灌浆后的复找。

【案例十九】

【背景资料】

A公司总承包2×660MW火力发电厂1#机组的建筑安装工程，工程内容包括锅炉、汽轮发电机、水处理系统、脱硫系统等的安装。

A公司将水泵和管道安装分包给B公司施工。B公司在凝结水泵初步找正后即进行管道的连接，因出口管道与设备不同心，导致无法正常对口，便用手拉葫芦强制调整管道，被A公司制止。B公司整改后，在联轴节上架设仪表监视设备位移，保证管道与水泵的安装质量。

锅炉补给水管道为埋地敷设，施工完毕自检合格后，以书面形式通知监理申请隐蔽工程验收，第二天进行土方回填时被监理工程师制止。

在未采取任何技术措施的情况下，A公司对凝汽器汽侧进行了灌水试验（图4-13），无泄漏，但造成部分弹簧支座过载损坏，如图4-13所示；返修后，进行汽轮机组轴系对轮中心找正，经初找和复找验收合格。

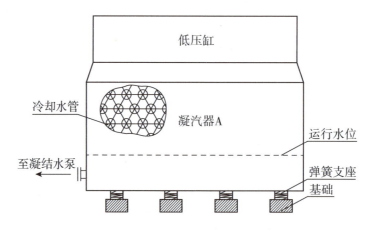

图4-13 凝汽器灌水试验示意图

主体工程、辅助工程和公用设施已按设计文件要求建成，单位工程验收合格后，建设单位及时向政府有关部门申请专项验收，并提供备案申报表、施工许可文件复印件及规定的相关材料，项目通过专项验收。

【问题】

1.A公司为什么制止凝结水管道的连接？B公司应如何整改？在联轴节上应架设哪些仪表监视设备的位移？

2.说明监理工程师制止土方回填的理由。隐蔽工程验收通知的内容有哪些？

3.写出凝汽器灌水试验前后的注意事项。轴系中心复找工作应在凝汽器什么状态下进行？

4.建设工程项目投入试生产前和试生产阶段应完成哪些专项验收？

参考答案

1.（1）B公司在水泵初步找正后，即进行管道连接，并导致无法正常对口，后又用手拉葫芦强制调整管道，导致管道承受了较大的附加外力，因此A公司制止了凝结水管道的连接。

（2）B公司应在水泵安装定位并紧固地脚螺栓后再进行管道和设备的连接，并在连接前，在自由状态下检验法兰的平行度和同轴度，以保证管道和设备接口同心，避免管道和设备承受较大的附加外力。

（3）在联轴节上应架设百分表监视设备的位移。

2.（1）监理工程师制止土方回填的理由是，工程具备隐蔽条件时，施工单位应在隐蔽前48h以书面形式通知建设单位或监理单位进行验收，验收合格后方能进行下一道工序。

（2）隐蔽工程验收通知内容有隐蔽验收的内容、隐蔽方式、验收时间和验收地点。

3.（1）已经就位在弹簧支座上的凝汽器，灌水试验前应加设临时支撑，灌水试验后应及时把水放净。

（2）轴系中心复找工作应在凝汽器灌水至模拟运行状态下进行。

4.建设工程项目投入试生产前应完成消防验收；试生产阶段应完成安全设施验收和环境保护验收。

【案例二十】

【背景资料】

某生物新材料项目由A公司总承包,A公司项目部项目经理在策划组织机构时,根据项目大小和具体情况配备了项目部技术人员,满足了技术管理要求。

项目中料仓盛装的浆糊流体介质温度约为42℃,料仓的外壁保温材料为半硬质岩棉制品;料仓由A、B、C、D四块不锈钢壁板组焊而成,尺寸和安装位置如图4-14所示。

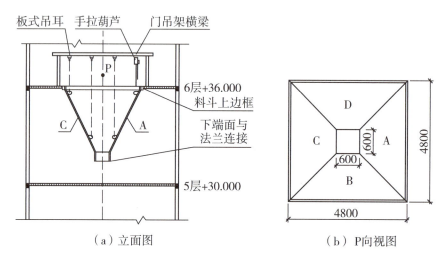

图4-14 料仓尺寸和安装示意图

在门吊架横梁上挂设4只手拉葫芦,通过卸扣、钢丝绳吊索与料仓壁板上的吊耳(材质为Q235)连接成吊装系统。

料仓的吊装顺序为A、C→B、D;料仓的四块不锈钢壁板的焊接方法采用手工焊条电弧焊。

设计要求料仓正方形出料口连接法兰安装水平度允许偏差≤1mm,对角线长度允许偏差≤2mm,中心位置允许偏差≤1.5mm。

在对料仓工程质量检查时,质量员提出吊耳与料仓壁板为异种钢焊接,违反"禁止不锈钢与碳素钢接触"的规定,项目部对料仓临时吊耳进行了标识和记录,根据质量问题的性质和严重程度编制并提交了质量问题调查报告,及时返修后,质量验收合格。

【问题】

1. 根据项目大小和具体情况,项目经理应如何配备技术人员?保温材料到达施工现场后应检查哪些质量证明文件?

2. 分析图4-14中存在哪些安全事故危险源?不锈钢壁板组对焊接作业过程中存在哪些职业健康危害因素?

3. 料仓出料口端平面标高基准点和纵横中心线的测量应分别使用哪种测量仪器?

4. 项目部编制的吊耳质量问题调查报告应及时提交给哪些单位?

答题区

参考答案

1.（1）项目经理应根据项目大小和具体情况，按单位、分部、分项工程和专业配备技术人员。

（2）保温材料到达施工现场应检查的质量证明文件有：出厂合格证书或化验、物性试验记录。

2.（1）图4-14中存在的安全事故危险源有：料仓上平面洞口无防护栏杆，存在高空坠落的危险；料仓焊接成整体之前，存在吊装伤害和物体打击的危险；临时设施固定不牢，存在坍塌倒塌的危险；钢丝绳和绳扣的安全系数或质量不符合要求，存在断脱的危险；对不锈钢壁板进行高空组对焊接作业，存在高空坠落和触电的危险。

（2）不锈钢壁板组对焊接作业过程中存在的职业健康危害因素有：电焊烟尘、锰及其化合物、一氧化碳、氮氧化物、臭氧、紫外线、红外线、高温、高处作业。

3.料仓出料口端平面标高基准点的测量应使用水准仪，纵横中心线的测量应使用经纬仪。

4.项目部编制的吊耳质量问题调查报告应及时提交给建设单位、监理单位和本单位（A公司）管理部门。

专题五 机电工程相关法规与标准

考点导图

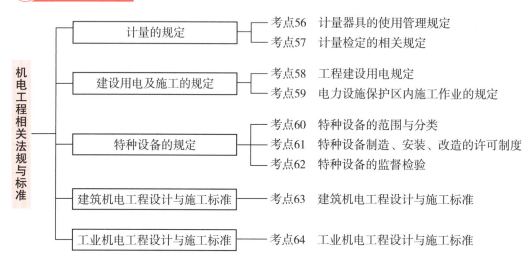

专题雷达图

分值占比：本专题在机电实务考试中分值占比一般，平均每年10~15分。

难易程度：本专题内容较少且难度较小。

案例趋势：本专题是案例题考查内容之一，常围绕特种设备安全法进行考查。

实操应用：本专题基本无实操要求，所学内容主要以法条规定和标准规范为主。

记忆背诵：本专题法条性内容较多，因此多数内容无须死记硬背即可熟练掌握运用。

考点练习

考点56　计量器具的使用管理规定 ★

1.施工单位所选用的计量器具和设备，必须具有产品合格证或（　　）。

A.制造许可证　　　B.产品说明书　　　C.技术鉴定书　　　D.使用规范

【答案】C

【解析】施工单位所选用的计量器具和设备，必须具有技术鉴定书或产品合格证。

2.经国务院计量行政部门批准作为统一全国量值最高依据的计量器具是（　　）。

A.计量标准器具　　　B.计量基准器具　　　C.工作计量器具　　　D.专用计量器具

【答案】B

【解析】经国务院计量行政部门批准作为统一全国量值最高依据的计量器具是计量基准器具。

考点57　计量检定的相关规定 ★

1.下列施工计量器具中，属于A类计量器具的是（　　）。

A.声级计　　　　　　　　　　B.超声波测厚仪

C.压力表　　　　　　　　　　D.垂直检测尺

E.千分表检具

【答案】ABE

【解析】压力表属于B类计量器具，垂直检测尺属于C类计量器具。

2.控制计量器具使用状态的检定是（　　）。

A.后续检定　　　B.周期检定　　　C.使用中检定　　　D.一次性检定

【答案】C

【解析】首次检定是对未曾检定过的新计量器具进行的第一次检定；后续检定是计量器具首次检定后的检定，包括强制性周期检定、修理后的检定、有效期内的检定；使用中检定是控制计量器具使用状态的检定；周期检定是按规定的时间间隔和程序进行的后续检定；仲裁检定是以裁决为目的的计量检定、测试活动。

考点58　工程建设用电规定 ★

1.临时用电施工组织设计的主要内容不包括（　　）。

A.电费的结算方式　　　　　　B.电源的进线位置

C.配电箱安装位置 D.电气接线系统图

【答案】A

【解析】临时用电施工组织设计的主要内容应包括工程概况，编制依据，用电施工管理组织机构，配电装置安装、防雷接地安装、线路敷设等施工内容的技术要求，安全用电及防火措施。

2.下列情况中，无须到供电部门办理用电手续的是（　　）。

A.增加用电容量 B.变更用电

C.增设一级配电箱 D.新装用电

【答案】C

【解析】申请新装用电、临时用电、增加用电容量、变更用电和终止用电，应当依照规定的程序办理手续。

考点59　电力设施保护区内施工作业的规定 ★

1.35kV架空电力线路保护区范围的导线边缘向外侧延伸的距离为（　　）。

A.3m　　　　B.5m　　　　C.10m　　　　D.15m

【答案】C

【解析】不同电压等级架空电力线路保护距离：1～10kV→5m；35～110kV→10m；154～330kV→15m；500kV→20m。

2.110kV高压电力线路的水平安全距离为10m，当该线路最大风偏水平距离为0.5m时，导线边缘向外侧延伸的水平安全距离应为（　　）。

A.9m　　　　B.9.5m　　　　C.10m　　　　D.10.5m

【答案】D

【解析】架空电力线路保护区是指导线边线向外侧水平延伸并垂直于地面所形成的两平行面内的区域，不同电压等级架空电力线路保护距离不同，并应考虑风偏的影响。例如，某施工项目要在110kV架空电力线路区域进行施工作业，经测算该线路最大风偏水平距离为0.5m，风偏后距离建筑物的安全距离为10m，则导线边缘延伸的距离应为10.5m。

考点60　特种设备的范围与分类 ★★★

下列设备中，属于特种设备的是（　　）。

A.风机　　　　B.水泵　　　　C.压缩机　　　　D.储气罐

【答案】D

【解析】特种设备是指涉及生命安全、危险性较大的锅炉、压力容器、压力管道、电梯、起重机械、客运索道、大型游乐设施和场（厂）内专用机动车辆。

考点61　特种设备制造、安装、改造的许可制度★★★

1.根据《特种设备生产单位许可目录》，工业管道可分为（　　）。

A.长输管道　　　　　　　　　　　B.燃气管道

C.制冷管道　　　　　　　　　　　D.动力管道

E.热力管道

【答案】CD

【解析】工业管道可分为工艺管道、动力管道、制冷管道。

2.关于压力管道施工资质的说法，正确的有（　　）。

A.安装城市热力管道的施工单位应取得GB1资质

B.安装城市燃气管道的施工单位必须取得GA2资质

C.安装输送6.0MPa天然气管道的施工单位应取得GC1资质

D.安装输送8.0MPa、蒸汽温度为460℃管道的施工单位应取得GC1资质

E.安装设计压力为12.0MPa原油长输管道的施工单位必须取得GA1资质

【答案】CDE

【解析】A选项应取得GB2资质；B选项应取得GB1资质。

考点62　特种设备的监督检验★★★

1.特种设备安全法规定，特种设备的（　　）过程应当由特种设备检验检测机构进行监督检验。

A.改造　　　　　　　　　　　　　B.装卸

C.运输　　　　　　　　　　　　　D.使用

【答案】A

【解析】特种设备的制造、安装、改造、重大修理过程，应当经特种设备检验检测机构按照安全技术规范的要求进行监督检验。

2.下列施工内容中，不属于特种设备监督检验范围的是（　　）。

A.电梯安装　　　　　　　　　　　B.起重机械安装

C.压力管道安装　　　　　　　　　D.锅炉风道改造

【答案】D

【解析】电梯安装、起重机械安装、压力管道安装等都属于特种设备的安装，因此都属于特种设备监督检验的范围。

考点63 建筑机电工程设计与施工标准 ★

1.在《建筑给水排水与节水通用规范》中,给水管道应为( )。

A.黄色环　　　　　　　　　　　　　B.棕色环

C.蓝色环　　　　　　　　　　　　　D.淡绿色环

【答案】C

【解析】给水管道应为蓝色环；热水供水管道应为黄色环、热水回水管道应为棕色环；中水管道、雨水回用和海水利用管道应为淡绿色环；排水管道应为黄棕色环。

2.在自动喷水灭火系统设计规范中,末端试水装置由( )组成。

A.试水阀　　　　　　　　　　　　　B.压力表

C.试水接头　　　　　　　　　　　　D.报警阀组

E.水源控制阀

【答案】ABC

【解析】末端试水装置应由试水阀、压力表以及试水接头组成。试水接头出水口的流量系数,应等同于同楼层或防火分区内的最小流量系数洒水喷头。

考点64 工业机电工程设计与施工标准

关于石油化工的设计与施工标准的说法,不正确的有( )。

A.螺栓紧固牢靠,外露丝扣不少于2扣

B.扭剪型螺栓尾部梅花头拧断为中拧结束

C.地耐力检测方法为压重法,压重块静置48h

D.钢结构制作单位应进行高强度螺栓连接的摩擦面的抗滑移系数试验

E.钢结构安装单位应复验现场处理的构件摩擦面抗滑移系数

【答案】BC

【解析】B选项,扭剪型螺栓尾部梅花头拧断为终拧结束；C选项,地耐力检测方法为压重法,压重块静置24h。

专题六 机电工程项目管理实务

考点导图

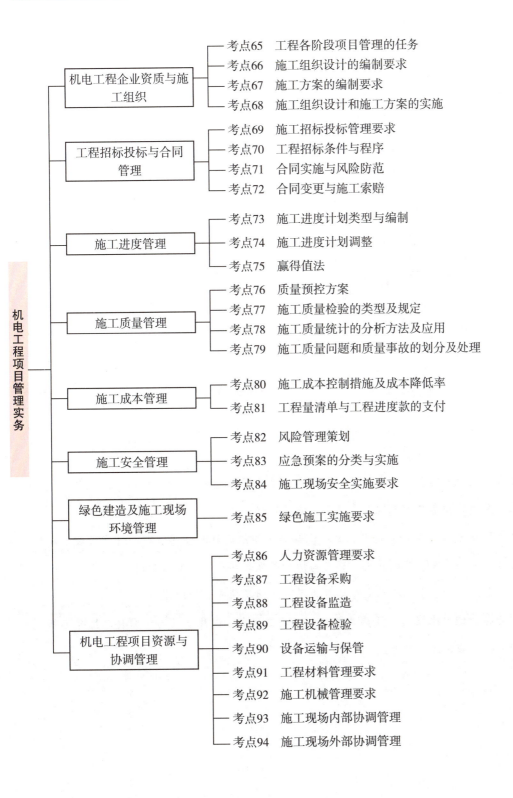

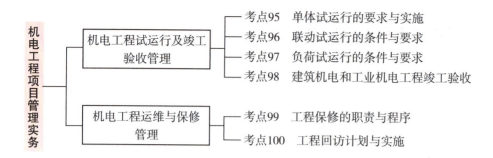

专题雷达图

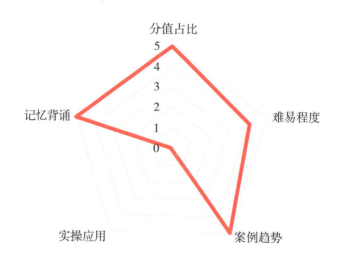

分值占比：本专题在机电实务考试中分值占比极高，平均每年65分。

难易程度：本专题内容较多且难度较大，需要不断巩固强化。

案例趋势：本专题是案例题重点考查内容之一，如施工组织设计、合同管理、进度管理、质量管理、安全管理、环境管理、资源与协调管理等均属于必考必会内容。

实操应用：本专题无实操要求，所学内容均是为了解决问答题或分析论述题。

记忆背诵：本专题分值占比极高，且其考查方式以问答为主，因此多数内容需要记忆并不断巩固强化才能熟练应对考试。

考点练习

考点65　工程各阶段项目管理的任务 ★

1.某项目由原甲地不改变功能地迁往乙地，乙地称该项目为（　　）。
A.迁建项目　　　　B.新建项目　　　　C.改建项目　　　　D.复建项目
【答案】B
【解析】地块上原来没有的新开工建设的项目称为新建项目。

2.下列选项中，材料采购合同的履行环节包括（　　）。
A.产品的交付　　　　　　　　　　B.交货检验的依据
C.产品数量的验收　　　　　　　　D.采购合同的变更
E.货物运距、运输方法
【答案】ABCD
【解析】材料采购合同的履行环节包括产品的交付、交货检验的依据、产品数量的验收、产品质量的检验、采购合同的变更。

考点66　施工组织设计的编制要求 ★

下列施工组织设计编制依据中，属于工程文件的是（　　）。
A.投标书　　　　B.标准规范　　　　C.工程合同　　　　D.会议纪要
【答案】D
【解析】施工组织设计编制依据中的工程文件主要包括施工图纸、技术协议、主要设备材料清单、主要设备技术文件、新产品工艺性试验资料、会议纪要等。

考点67　施工方案的编制要求 ★★★

1.下列属于施工方案编制内容的有（　　）。
A.施工进度计划　　　　　　　　　B.施工方法及工艺要求
C.施工准备与资源配置计划　　　　D.施工部署
E.施工平面布置图
【答案】ABC
【解析】施工方案的编制内容主要包括工程概况、编制依据、施工安排、施工进度计划、施工准备与资源配置计划、施工方法及工艺要求、质量和安全环境保证措施等。

2.下列工程中，需要组织专家论证专项施工方案的有（　　）。

A.10t重的单根钢梁采用汽车吊吊装　　B.净高3m的脚手架搭设

C.埋深2m的管道一般沟槽开挖　　D.5.5m深的设备基础基坑开挖

E.桅杆吊装的缆风绳稳定系统

【答案】DE

【解析】A选项，未采用非常规起重设备或方法进行吊装；B选项，未明确所搭设的脚手架的种类；C选项，开挖深度未超过5m。

考点68　施工组织设计和施工方案的实施★★★

下列情况中，不需要修改或补充施工组织设计的是（　　）。

A.工程设计有重大变更　　B.各项管理目标有重大变化

C.施工班组有重大调整　　D.主要施工方法有重大调整

【答案】C

【解析】项目施工过程中，发生下列情况之一时，施工组织设计应及时进行修改或补充：（1）工程设计有重大修改；（2）主要施工方法有重大调整；（3）有关法律、法规、规范与标准实施、修订和废止；（4）主要施工资源配置有重大调整；（5）施工环境有重大改变。

考点69　施工招标投标管理要求★

1.根据《中华人民共和国招标投标法》，由建设单位指定的5名行政领导和1名技术专家组成的评标委员会，存在的错误有（　　）。

A.人数不是奇数　　B.缺少经济专家

C.技术和经济专家未达到2/3以上　　D.未从专家库随机抽取

E.总人数不足

【答案】ABCD

【解析】评标委员会一般由招标人代表和技术、经济等方面的专家组成；其成员人数为5人以上单数，其中技术、经济方面的专家不得少于成员总数的2/3；专家由招标人从招标代理机构的专家库或国家、省、直辖市人民政府提供的专家名册中随机抽取，特殊招标项目可由招标人直接确定。

2.下列依法必须招标的项目，经批准可以采用邀请招标的有（　　）。

A.技术复杂，有特殊要求的项目　　B.涉及国家机密的项目

C.大型基础设施、公共事业项目　　D.施工周期过长的项目

E.潜在投标人较少的项目

【答案】ABE

【解析】有下列情形之一的，可以采用邀请招标：技术复杂、有特殊要求或者受自然环境限制，只有少量潜在投标人可供选择的；采用公开招标方式的费用占项目合同金额的比例过大的；国家重点项目和地方重点项目不适宜公开招标的；涉及国家安全、国家秘密或者抢险救灾，不宜公开招标的。

考点70　工程招标条件与程序★

1.在投标决策的后期阶段，主要研究商务报价策略和（　　）策略。

A.盈利水平分析　　　B.企业人员优势　　　C.风险因素分析　　　D.技术突出优势

【答案】D

【解析】在投标决策的后期阶段，主要研究商务报价策略和技术突出优势策略。

2.商务报价的策略不包括（　　）。

A.不平衡报价　　　B.多方案报价　　　C.突出工期目标　　　D.无利润竞标

【答案】C

【解析】商务报价的策略是可采用不平衡报价法、多方案报价法、增加建议方案法、投标前突然竞价法、无利润竞标法等方式进行报价；C选项，突出工期目标属于技术标的投标策略。

3.下列情况中，招标投标时不应作为废标处理的是（　　）。

A.投标报价明显低于标底

B.投标书提出的工期比招标文件的工期晚15天

C.投标单位投标后又在截止投标时间前5分钟突然降价

D.投标文件的编制格式与招标文件要求不一致

【答案】C

【解析】应当作为废标处理的情况：弄虚作假，报价低于其个别成本，投标人不具备资格条件或者投标文件不符合形式要求，未能在实质上响应招标文件的要求。

考点71　合同实施与风险防范★★★

1.关于专业工程分包人的责任和义务的说法，正确的是（　　）。

A.分包人须服从发包人直接下达的与分包工程有关的指令

B.特殊情况下，分包人可不经承包人允许，直接与监理工程师发生工作联系

C.分包人应履行并承担总包合同中承包人的所有义务和责任

D.分包人须服从承包人转发的监理工程师与分包工程有关的指令

【答案】D

【解析】分包人须服从承包人转发的监理工程师与分包工程有关的指令。

2.国际机电工程项目合同风险防范措施中,属于自身风险防范的有( )。

A.技术风险防范　　　　　　　　　　B.管理风险防范

C.财经风险防范　　　　　　　　　　D.法律风险防范

E.营运风险防范

【答案】ABE

【解析】国际机电工程项目实施过程中的自身风险有建设风险、营运风险、技术风险、管理风险；C选项和D选项属于项目所处的环境风险防范。

考点72　合同变更与施工索赔★★★

1.下列情况中,可向建设单位提出费用索赔的是( )。

A.施工单位的设备被暴雨淋湿而产生的费用

B.建设单位增加工作量造成的费用增加

C.施工单位施工人员高处坠落受伤产生的费用

D.监理单位责令剥离检查未报检的隐蔽工程而产生的费用

【答案】B

【解析】A、C、D选项均属于施工单位自己造成的损失,施工单位应自己承担损失,不应进行费用索赔。

2.下列条件中不属于机电工程索赔成立的前提条件是( )。

A.已造成承包商工程项目成本额外支出

B.承包商按规定时限提交索赔意向和报告

C.承包商在履约过程中发现合同的管理漏洞

D.造成工期损失的原因不是承包商的责任

【答案】C

【解析】索赔成立的前提条件：（1）与合同对照,事件已造成了承包商工程项目成本的额外支出,或直接工期损失；（2）造成费用增加或工期损失的原因,按合同约定不属于承包商的行为责任或风险责任；（3）承包商按合同规定的程序和时间提交索赔意向通知和索赔报告。

考点73　施工进度计划类型与编制★★★

1.机电工程采用横道图表示施工进度计划的优点是( )。

A.便于计算劳动力的需要量　　　　　　B.能反映工作的机动时间

C.能反映影响工期的关键工作　　　　　　D.能表达各项工作之间的逻辑关系

【答案】A

【解析】横道图的优点：直观清晰，容易看懂；便于实际进度与计划进度的比较；便于计算劳动力、设备、材料、施工机械和资金需要量。

2.在编制施工进度计划时，不需要确定的是（　　）。

A.各项工作持续时间　　　　　　　　　B.各项工作施工顺序

C.各项工作搭接关系　　　　　　　　　D.各项工作人工费用

【答案】D

【解析】编制施工进度计划时需要确定各项工作的开竣工时间和相互搭接协调关系；应分清主次、抓住重点，优先安排工程量大的工艺生产主线，工作安排时要保证重点、兼顾一般。

考点74　施工进度计划调整★★★

1.下列影响施工进度的因素中，属于施工单位管理能力的是（　　）。

A.材料价格上涨　　　　　　　　　　　B.安装失误造成返工

C.新标准技术培训　　　　　　　　　　D.施工图纸设计变更

【答案】B

【解析】施工单位的自身管理、技术水平以及项目部在现场的组织、协调与管控能力会影响施工进度。例如，施工方法失误造成返工，施工组织管理混乱，处理问题不够及时，各专业分包单位不能如期履行合同等现象都会影响施工进度计划。

2.机电工程施工进度计划调整的内容包括（　　）。

A.合同工期　　　　　　　　　　　　　B.施工内容

C.起止时间　　　　　　　　　　　　　D.工作关系

E.资源供应

【答案】BCDE

【解析】机电工程施工进度计划调整的内容包括施工内容、工程量、起止时间、持续时间、工作关系、资源供应。

考点75　赢得值法★★★

1.关于赢得值法评价指标的说法，正确的是（　　）。

A.费用偏差为负值时，表示实际费用小于预算费用

B.进度偏差为正值时，表示实际进度落后于计划进度

C.费用绩效指数小于1时，表示实际费用高于预算费用

D.进度绩效指数小于1时，表示实际进度超前于计划进度

【答案】C

【解析】费用绩效指数小于1时，表示实际费用高于预算费用。

2.赢得值参数比较中，施工进度提前、费用节支的方法是（　　）。

A.CV<0，SV>0　　　　　　　　　　B.CV<0，SV<0

C.CV>0，SV<0　　　　　　　　　　D.CV>0，SV>0

【答案】D

【解析】施工进度提前、费用节支的方法是CV>0，SV>0。

考点76　质量预控方案★★★

1.下列不属于质量预控方案内容的是（　　）。

A.工序名称　　　　　　　　　　　　B.可能出现的质量问题

C.提出的质量预控措施　　　　　　　D.质量改进方法

【答案】D

【解析】质量预控方案的内容：工序名称、可能出现的质量问题、提出的质量预控措施。

2.防止产生管道焊接裂纹的质量预控措施有（　　）。

A.控制焊材发放　　　　　　　　　　B.进行焊前预热

C.采取焊后热处理　　　　　　　　　D.控制清根质量

E.控制焊接层数

【答案】ABCD

【解析】防止产生管道焊接裂纹的质量预控措施：控制焊材发放，防止错用；进行焊前预热，采取焊后缓冷或热处理，严格按工艺卡施焊；控制清根质量；保持现场清洁；采取防风沙措施；确保设备完好。

考点77　施工质量检验的类型及规定★★★

1.下列不属于三检制的内容的是（　　）。

A.自检　　　　　　B.互检　　　　　　C.抽检　　　　　　D.专检

【答案】C

【解析】三检制的内容：自检、互检、专检。

2.工程质量没有达到设计要求，但经原设计单位核算认可能够满足结构安全和使用功能的可（　　）。

A.返修处理　　　　B.不作处理　　　　C.降级使用　　　　D.返工处理

【答案】B

【解析】某些工程质量虽不符合要求，但经过分析、论证、法定检测单位鉴定和设计等有关部门认可，对工程或结构使用及安全影响不大，经后续工序可以弥补的，或经检测鉴定虽达不到设计要求，但经原设计单位核算，仍能满足结构安全和使用功能的，也可不作专门处理。

考点78　施工质量统计的分析方法及应用★★★

1.关于因果图及其应用的说法，错误的是（　　）。

A.因果图是表达和分析原因关系的一种图表

B.因果图中的箭头由原因指向问题

C.一个主要质量问题只能用一张因果图

D.对问题的原因分析可以无限制地进行

【答案】D

【解析】D选项，对问题的原因分析不能无限制地进行，分析到能采取对策即可。

2.下列属于质量数据统计分析方法的有（　　）。

A.统计调查表法　　　　　　　　B.柱状图法

C.分层法　　　　　　　　　　　D.排列图法

E.因果分析图法

【答案】ACDE

【解析】质量数据统计分析方法有：统计调查表法、分层法、排列图法和因果分析图法。

考点79　施工质量问题和质量事故的划分及处理★★★

1.需要国务院特种设备安全监督管理部门会同有关部门进行事故调查的是（　　）。

A.特别重大事故　　B.重大事故　　C.较大事故　　D.一般事故

【答案】B

【解析】重大事故的调查需要国务院特种设备安全监督管理部门会同有关部门进行。

2.发生施工质量事故，工程建设单位负责人接到报告后，应于（　　）内向事故发生地县级以上人民政府有关部门报告。

A.1h　　　　B.2h　　　　C.12h　　　　D.24h

【答案】A

【解析】发生施工质量事故后，事故现场有关人员应当立即向工程建设单位负责人报告。工程建设单位负责人接到报告后，应于1h内向事故发生地县级以上人民政府住房和城乡建设主管部门及有关部门报告。

考点80　施工成本控制措施及成本降低率★

1.下列机电工程项目成本控制的方法中，属于施工准备阶段控制的是（　　）。
A.成本差异分析　　　B.施工成本核算　　　C.优化施工方案　　　D.注意工程变更
【答案】C
【解析】成本差异分析、施工成本核算、注意工程变更等均属于施工阶段的成本控制。

2.施工阶段项目成本的控制要点是（　　）。
A.落实成本计划　　　B.编制成本计划　　　C.成本计划分解　　　D.成本分析考核
【答案】A
【解析】施工阶段项目成本的控制要点：对分解的成本计划进行落实；记录整理核算实际发生的费用，计算实际成本；进行成本差异分析，采取有效的纠偏措施，注意不利差异产生的原因，防止对后续作业成本产生不利影响或因质量低劣造成返工；注意工程变更，关注不可预计的外部条件对成本控制的影响。B、C选项，属于施工准备阶段项目成本的控制要点；D选项，属于竣工交付使用及保修阶段项目成本的控制要点。

考点81　工程量清单与工程进度款的支付★

1.机电工程的清单综合单价中不包括（　　）。
A.材料费　　　B.机械费　　　C.管理费　　　D.措施费
【答案】D
【解析】清单综合单价中综合了分项工程人工费、材料费、机械费、管理费、利润、人材机价差以及一定范围内的风险费用，但并未包括措施费、规费和税金，因此它是一种不完全综合单价。以各分部分项工程量乘以该综合单价的合价汇总，再加上措施项目费、规费、税金后，就是单位工程施工图预算造价。

2.建筑安装工程进度款支付的申请内容中不包括（　　）。
A.已支付的合同价款　　　　　　B.本月完成的合同价款
C.已签订的预算价款　　　　　　D.本月返还的预付价款
【答案】C
【解析】进度款支付申请内容：（1）累计已完成的合同价款；（2）累计已实际支付的合同价款；（3）本周期合计完成的合同价款；（4）本周期合计应扣减的金额；（5）本周期实际应支付的合同价款。

考点82　风险管理策划★★★

1.下列不属于安全风险评价方法的是（　　）。
A.工作危害分析法　　　　　　　B.作业条件危险性分析法

C.安全检查表法　　　　　　　　　　　　D.综合检查分析法

【答案】D

【解析】安全风险评价的方法主要有：工作危害分析法、作业条件危险性分析法、安全检查表法。

2.关于风险评价结果的说法，错误的是（　　）。

A.Ⅰ级风险为可忽略风险　　　　　　　B.Ⅱ级风险为可容许风险

C.Ⅲ级风险为中度风险　　　　　　　　D.Ⅳ级风险为不容许风险

【答案】D

【解析】D选项，Ⅳ级风险为重大风险，Ⅴ级风险为不容许风险。

考点83　应急预案的分类与实施★★★

1.关于施工单位应急预案演练的说法，错误的是（　　）。

A.每年至少组织一次综合应急预案演练　　　B.每年至少组织一次专项应急预案演练

C.每半年至少组织一次现场处置方案演练　　D.每年至少组织一次安全事故应急预案演练

【答案】D

【解析】D选项应为每半年至少组织一次生产安全事故应急预案演练。

2.施工单位应急预案体系的组成文件不包括（　　）。

A.综合应急预案　　B.专项应急预案　　C.专项施工方案　　D.现场处置方案

【答案】C

【解析】生产经营单位应急预案分为综合应急预案、专项应急预案、现场处置方案。

考点84　施工现场安全实施要求★★★

总包单位应该按照（　　）配备安全员。

A.工程规模　　　　B.工程概况　　　　C.工程合同价　　　　D.施工人员

【答案】C

【解析】总包单位应该按照工程合同价和专业配备安全员。

考点85　绿色施工实施要求★★★

1.下列绿色施工环境保护措施中，属于扬尘控制的是（　　）。

A.对建筑垃圾进行分类　　　　　　　　B.施工现场出口设置洗车槽

C.妥善保管防腐保温材料　　　　　　　D.施工后恢复被破坏的植被

【答案】B

【解析】A选项，对建筑垃圾进行分类属于建筑垃圾控制；C、D选项，妥善保管防腐保温材料、施工后恢复被破坏的植被属于土壤保护。

2.下列符合绿色施工要求的是（　　）。

A.管道工厂化预制　　　　　　　　　B.管道现场除锈

C.管道清洗用水利用重复水　　　　　D.管道连接利用免焊接头或机械压接方式

【答案】A

【解析】B选项，管道现场除锈会造成空气污染；C选项，管道清洗必须用洁净水，排放出来的水处理后才能利用；D选项，管道连接宜采用机械连接方式。

考点86　人力资源管理要求 ★★★

1.关于机电工程无损检测人员的说法，正确的是（　　）。

A.无损检测人员的资格证书有效期以上级公司规定为准

B.无损检测Ⅰ级人员可评定检测结果

C.无损检测Ⅱ级人员可对无损检测结果进行分析

D.无损检测Ⅲ级人员可根据标准编制无损检测工艺

【答案】D

【解析】A选项，持证人员的资格证书有效期以相关主管部门规定为准；B选项，无损检测Ⅱ级人员才可评定检测结果；C选项，Ⅲ级人员才可对无损检测结果进行分析。

2.国家安全生产监督机构规定的特种作业人员有（　　）。

A.焊工　　　　　　　　　　　　　　B.司炉工

C.电工　　　　　　　　　　　　　　D.水处理工

E.起重工

【答案】ACE

【解析】特种作业人员有电工作业人员、焊接与热切割作业人员、高处作业人员、制冷与空调作业人员。

考点87　工程设备采购 ★★

1.下列不属于设备采购评审的是（　　）。

A.技术评审　　　　B.商务评审　　　　C.资料评审　　　　D.综合评审

【答案】C

【解析】设备采购评审包括技术评审、商务评审、综合评审。

考点88　工程设备监造★★

1.下列选项中，属于设备监造大纲编制依据的有（　　）。

A.设备供货合同
B.设备制造相关的质量规范和工艺文件
C.施工方案
D.设备设计图纸、规格书和技术协议
E.国家有关的法律、规章、技术标准

【答案】ABDE

【解析】C选项，施工方案与设备监造无关。

2.设备监造审查的内容有（　　）。

A.审查制造单位的质量管理体系
B.审查原材料的质量证明书和复验报告
C.现场见证制造加工工艺
D.监督设备的集结和运输
E.施工现场设备的检验和试验

【答案】ABC

【解析】设备监造审查的内容：（1）审查制造单位质量管理体系；生产工艺文件和质量验收文件；质量检查验收报告；（2）审查原材料、外购件的质量证明书和复验报告；（3）审查设备制造过程中的特种作业文件、特种作业人员资格证；（4）现场见证，如外观质量、规格尺寸、制造加工工艺、停工待检点见证。

3.设备采购监造时，停工待检点应包括（　　）。

A.重要工序节点
B.隐蔽工程
C.设备性能重要的相关检验
D.不可重复试验验收点
E.关键试验的验收点

【答案】ABDE

【解析】停工待检点：针对设备安全或性能最重要的相关检验、试验而设置；包括重要的工序节点、隐蔽工程、关键的试验验收点或不可重复试验验收点。C选项，应为设备性能最重要的相关检验。

考点89　工程设备检验★★

1.关于进口设备验收的说法，正确的是（　　）。

A.进口设备验收前，应先办理通关手续
B.商检合格后，即可运入现场
C.检验不合格的产品，应报废处理
D.对于让步使用的进口设备，必须征得使用单位的同意

【答案】A

【解析】B选项，商检合格后，再按进口设备的规定，进行设备进场验收工作；C选项，检验过程中，如

果发现不合格产品要作出标记，并根据具体情况作出报废、让步使用或返修的处理结果；D选项，对于让步使用的产品，必须征得设计人员的认可，要杜绝报废产品流入施工过程。

考点90　设备运输与保管★★

1.在主变压器途经桥梁前，除了考虑桥梁的当时状况外，还要考虑（　　）。

A.设计负荷　　　　　　　　　　B.使用载荷

C.使用年限　　　　　　　　　　D.设计年限

E.稳定性验算

【答案】AC

【解析】除了考虑桥梁的当时状况外，还要考虑桥梁的设计负荷和使用年限。

2.设备入库后，必须由（　　）三方共同对采购的设备材料进行确认。

A.设备负责人　　　　　　　　　B.设备运输人员

C.采购人员　　　　　　　　　　D.设备管理员

E.设备维护人员

【答案】ACD

【解析】设备入库后，必须由设备负责人、采购人员及设备管理员三方共同对采购的设备材料进行确认。

考点91　工程材料管理要求★★★

1.关于材料进场验收要求的说法，正确的有（　　）。

A.要求进场复验的材料应有取样送检证明报告

B.验收工作应按质量验收规范和计量检测规定进行

C.验收内容应完整，验收要做好记录，办理验收手续

D.甲供的材料只做好标识

E.对不符合计划要求的材料可暂缓接收

【答案】ABC

【解析】D选项，甲供材料也应按规定验收；E选项，对不符合计划要求或不合格的材料拒绝接收。

2.材料管理ABC分类法的内容不包括（　　）。

A.计算项目各种材料所占用的资金总量

B.根据各种材料占用资金的多少，从大到小按顺序排列

C.确定材料的经济和安全存储量

D.计算各种材料的累计数和累计百分比

【答案】C

【解析】确定材料的经济和安全存储量属于存储理论法。

考点92　施工机械管理要求★★★

1.施工机械选择时，通过计算折旧费用进行比较的方法是（　　）。

A.应用综合评分法　　　　　　　　B.单位工程量成本比较法

C.界限使用判断法　　　　　　　　D.等值成本法

【答案】D

【解析】如果机械设备在项目中使用时间较长，且涉及购置费用，则在选择机械设备时往往涉及机械设备原值、资金时间价值等问题，这时可采用等值成本法进行选择。等值成本法又称折算费用法，是通过计算折旧费用，进行比较，选择费用低者。

2.下列属于施工机械使用管理"三定"制度的是（　　）。

A.定人　　　　　　　　　　　　　B.定机

C.定作业时间　　　　　　　　　　D.定岗位责任

E.定操作规程

【答案】ABD

【解析】"三定"制度指的是定人、定机、定岗位责任。

考点93　施工现场内部协调管理★★

1.下列施工协调内容，属于施工单位内部协调的是（　　）。

A.施工图纸设计交底　　　　　　　B.监理要求的施工整改

C.施工机具优化配置　　　　　　　D.业主提供的设备验收

【答案】C

【解析】内部沟通协调的主要内容中施工生产资源配备的协调包括：（1）人力资源的合理配备，人员岗位分工及相互协作；（2）设备和材料的有序供应，根据项目总体进度安排，协调相应加工订货周期和到场时间；（3）施工机具的优化配置，配备满足工程需要的施工机具，科学有效地提高生产效率；（4）资金的合理分配，资金配备的协调。

2.机电工程施工进度计划安排中的制约因素有（　　）。

A.工程实体现状　　　　　　　　　B.设备材料进场时机

C.安装工艺规律　　　　　　　　　D.施工作业人员配备

E.施工监理方法

【答案】ABCD

【解析】机电工程施工进度计划安排受工程实体现状、机电安装工艺规律、设备材料进场时机、施工机具作业人员配备和施工场地环境等诸因素的制约，协调管理的作用是把制约作用转化成和谐有序相互创造的施工条件，使进度计划安排衔接合理、紧凑可行，符合总进度计划的要求。

3.下列沟通协调内容中，属于施工资源配备协调的有（　　）。

A.设备材料有序供应　　　　　　　　B.专业管线综合布置

C.施工垃圾分类堆放　　　　　　　　D.施工机具优化配置

E.工程资金合理分配

【答案】ADE

【解析】施工资源分为人力资源、施工机具、施工技术资源、设备和材料、施工资金资源。施工资源分配协调要注意符合施工进度计划安排、实现优化配置、进行动态调度、合理有序供给、发挥资金效益。

考点94　施工现场外部协调管理★★

1.项目部与人员驻地生活直接相关的协调机构不包括（　　）。

A.工程所在地的行政机构　　　　　　B.特种设备安全监督机构

C.工程所在地的公安机构　　　　　　D.工程所在地的医疗机构

【答案】B

【解析】机电工程项目部与人员驻地生活直接相关的单位或个人的协调：工程所在地的基层行政机构；工程所在地的公安机构；工程所在地的医疗机构；租用临时设施的出租方；工程周边的居民；其他。

2.下列沟通协调内容中，属于应与外部沟通协调的是（　　）。

A.各专业管线的综合布置　　　　　　B.重大设备安装方案的确定

C.施工工艺做法技术交底　　　　　　D.施工使用的材料有序供应

【答案】B

【解析】重大设备安装方案的确定应与建设单位沟通协调。

考点95　单体试运行的要求与实施★★

1.离心式给水泵在试运转后，不需要做的工作是（　　）。

A.关闭泵的入口阀门　　　　　　　　B.关闭附属系统阀门

C.用清水冲洗离心泵　　　　　　　　D.放净泵内积存液体

【答案】C

【解析】离心泵试运转后应关闭泵的入口阀门，待泵冷却后再依次关闭附属系统的阀门；输送易结晶、凝固、沉淀等介质的泵，停泵后应防止堵塞，并及时用清水或其他介质冲洗泵和管道；放净泵内积存的液体；因此C选项，离心式给水泵在试运转后不再需要用清水冲洗。

2.压缩机空气负荷试运行后，做法错误的是（　　）。
A.停机后立刻打开曲轴箱检查　　　　B.排除气路及气罐中的剩余压力
C.清洗油过滤器和更换润滑油　　　　D.排除汽缸及管路中的冷凝液

【答案】A

【解析】压缩机空气负荷单机试运行后，应排除气路和气罐中的剩余压力，清洗油过滤器和更换润滑油，排除进气管及冷凝收集器和汽缸及管路中的冷凝液；须检查曲轴箱时，应在停机15min后再打开曲轴箱。

3.设备单机试运行应具备的条件包括（　　）。
A.工程质量已验收合格　　　　　　　B.有关分项工程验收合格
C.工程中间交接已完成　　　　　　　D.整体工艺系统试验合格

【答案】B

【解析】单机试运行前应具备的条件：（1）单机试运行责任已明确；（2）有关分项工程验收合格；（3）施工资料齐全；（4）资源条件满足要求；（5）试运行方案已批准。

考点96　联动试运行的条件与要求★★

1.关于联动试运行时责任分工的说法，正确的是（　　）。
A.建设单位审批联动试运行方案　　　B.监理单位负责岗位操作的监护
C.施工单位负责提供试运行资源　　　D.生产部门负责指挥联动试运行

【答案】A

【解析】A选项，联动试运行责任分工及参加单位：建设单位审批联动试运行方案；B选项，施工单位负责岗位操作的监护；C选项，建设单位负责提供试运行资源；D选项，建设单位负责组织指挥。

2.联动试运行主要考核的内容是（　　）。
A.安装质量　　　　　　　　　　　　B.联动机组
C.检查单台设备的性能　　　　　　　D.检查生产能力
E.检验设备全部性能

【答案】ABE

【解析】C选项，属于单体试运行考核的内容；D选项，属于负荷试运行考核的内容。

考点97　负荷试运行的条件与要求★★

1.机电设备负荷试运转由（　　）组织进行。

A.建设单位　　　　B.施工单位　　　　C.监理单位　　　　D.设计单位

【答案】A

【解析】机电设备负荷试运转由建设单位组织进行。

2.在投料的情况下，全面考核设备安装质量、设备性能、生产工艺、生产能力的工作是（　　）。

A.运转调试　　　　B.单机试运行　　　　C.联动试运行　　　　D.负荷试运行

【答案】D

【解析】负荷试运转是在投料的情况下，全面考核设备安装质量、设备性能、生产工艺、生产能力，检验设计是否符合和满足正常生产的要求的工作。

考点98　建筑机电和工业机电工程竣工验收★★

1.建筑节能分部工程验收应由（　　）组织并主持。

A.施工单位项目负责人　　　　B.总监理工程师

C.施工单位项目技术负责人　　　　D.设计单位项目技术负责人

【答案】B

【解析】A、C、D选项，都是参加人员。

2.建筑安装单位工程质量验收时，对涉及安全、节能、环境保护的分部工程，应进行（　　）。

A.检验资料的复查　　　B.见证抽样　　　C.抽样检测　　　D.全面检测

【答案】A

【解析】涉及安全、节能、环境保护和使用功能的分部工程应进行检验资料的复查。

3.建筑机电中单位工程质量验收所含分部工程（　　）的检验资料应该完整。

A.有关安全　　　　B.节能

C.环境保护　　　　D.观感质量验收

E.主要使用功能

【答案】ABCE

【解析】D选项，观感质量验收应符合要求。

4.关于工业机电中单位工程质量控制资料检查记录表的填写，正确的有（　　）。

A.资料名称应由施工单位填写　　　　B.资料份数应由监理单位填写

C.检查意见应由建设（监理）单位填写　　　　D.检查结论应由建设单位填写

E.记录表签字人为项目部技术负责人

【答案】ACD

【解析】本单位工程质量控制资料检查记录表中的资料名称和份数应由施工单位填写，检查意见和检查人由建设（监理）单位填写，结论应由参加双方共同确定，建设单位填写；记录表签字人有施工单位项目负责人、建设单位项目负责人（总监理工程师）。

5.下列工程中，可划分为分部工程的有（ ）。

A.防腐蚀工程　　　　　　　　　B.电缆敷设

C.筑炉工程　　　　　　　　　　D.煤气管道工程

E.自动化仪表工程

【答案】ACE

【解析】工业机电工程划分为土建工程、钢结构工程、设备工程、管道工程、电气工程、自动化仪表工程、防腐蚀工程、绝热工程、炉窑砌筑工程。

考点99　工程保修的职责与程序★

1.关于机电工程保修与回访的说法，正确的是（ ）。

A.电气管线、给排水管道、设备安装工程的保修期为2年

B.项目部应针对项目投产运行后的危险程度编制回访计划

C.按有关规定，工程保修期结束后，施工单位方可进行工程回访

D.回访中发现的施工质量问题，如已超出保修期，也必须迅速处理

【答案】A

【解析】本题考查的是工程保修的职责与程序。B选项，工程项目即将竣工验收时，项目部应针对项目的特点及合同的要求，编制具体工程回访计划；C选项，一般是在保修期即将届满前进行回访；D选项，回访中发现的施工质量缺陷，如在保修期内要采取措施，迅速处理；如已超过保修期，要协商处理。

2.根据《建设工程质量管理条例》，关于建设工程在正常使用条件下，最低保修期限要求的说法，错误的是（ ）。

A.设备安装工程保修期为2年　　　　　　B.电气管线安装工程保修期为3年

C.供热系统保修期为2个供暖期　　　　　D.供冷系统保修期为2个供冷期

【答案】B

【解析】建设工程保修期自竣工验收合格之日起计算。电气管线、给水排水管道、设备安装工程保修期为2年；供热和供冷系统保修期为2个供暖期、供冷期。

3.下列发生质量问题的情况，应该由施工单位承担修理责任和费用的是（ ）。

A.质量问题是建设单位的责任

B.工程在保修期内，由于施工质量不良导致的质量问题

C.建设单位提供的阀门质量不良，导致阀门漏水

D.施工单位和建设单位双方责任导致的质量问题

【答案】B

【解析】A选项，建设单位的责任，施工单位负责修理，建设单位承担费用；C选项，建设单位提供的设备材料质量不良，施工单位负责修理，建设单位承担费用；D选项，施工单位和建设单位双方责任导致的质量问题，施工单位负责修理，协商确定各自的经济责任。

考点100　工程回访计划与实施★

1.在保修期内进行技术性回访时，组织座谈会的单位是（　　）。

A.设计单位　　　　B.施工单位　　　　C.监理单位　　　　D.建设单位

【答案】D

【解析】以座谈会方式回访的，由建设单位组织座谈会或意见听取会。

2.机电安装工程回访的方式一般有（　　）。

A.季节性回访

B.技术性回访

C.保修期满后的回访

D.投入生产前的回访

E.采用邮件

【答案】ABE

【解析】机电安装工程回访的方式一般有季节性回访、技术性回访、保修期满前的回访、信息传递方式回访、座谈会方式回访、巡回式回访。E选项，属于信息传递方式回访。

案例专项

【案例一】

【背景资料】

某火力发电厂建设工程总投资额50000万元。该工程以PC的承包形式进行了公开招标，共有A、B、C、D、E五家承包商参与投标。经资格预审，E公司因是民营企业而被取消投标资格。E公司提出抗议，但未被采纳。评标委员会由8人组成，全部由建设单位的领导和一名工程技术人员组成。在评标过程中A公司因实力较强但报价偏高，评委与其协商让其总价下浮5%，遭到A公司拒绝。

评标答疑过程中，当评委问B公司如何进行设备监造时，B公司回答将派有资质的专业技术人员驻厂监造，并认真进行出厂前设备的验收、包装和发运，当被问及监造大纲还应包括哪些内容时，B公司无以对答。中标单位回答的锅炉烟风道上的非金属补偿器作用及其设计要求完全正确（安装示意图如图6-1所示）。

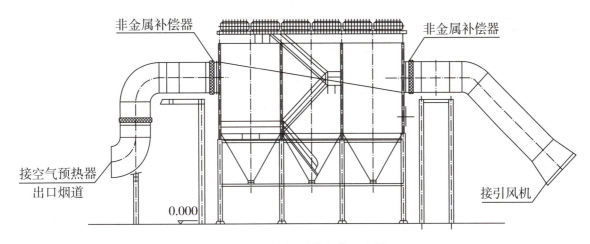

图6-1　锅炉烟风道安装示意图

【问题】

1. E公司提出抗议是否合理？说明理由。

2. 本案例中评标委员会构成存在哪些问题？

3. 简述A公司拒绝下浮总价的法律依据。

4. 设备监造大纲主要应包括哪些内容？

5. 图6-1中的非金属补偿器有什么作用？施工安装时有哪些要求？

答题区

参考答案

1.（1）E公司提出抗议合理。

（2）由于《中华人民共和国招标投标法》明确规定，招标人非法限定投标人的所有制形式属于不平等招标。本案例是公开招标，招标人取消E公司投标资格就属于违法行为。

2.本案例评标委员会的构成存在以下问题：

（1）评委不应是8人，应为5人以上单数（奇数）。

（2）评标委员会不应全部是建设单位人员，还应有从专家库中随机抽取的专家。

（3）评委专家缺少经济方面的专家。

（4）技术和经济方面的专家人数未达到成员总数的2/3以上。

3.按《中华人民共和国招标投标法》的规定，既然是招标而不是议标，就要充分体现公开、公平、公正的原则，一旦公布即不得更改，否则就不公平、不公正，也避免暗箱操作之嫌，故A公司拒绝下浮总价符合《中华人民共和国招标投标法》的规定。按《中华人民共和国招标投标法》的规定，公布的报价不得更改，A公司做法正确。

4.设备监造大纲主要内容：

（1）监造计划及进行控制和管理的措施。

（2）设备监造单位，若外委则须签订设备监造委托合同；有资格的相应专业技术人员到设备制造现场进行监造工作。

（3）设备监造过程，有设备制造全过程监造和制造中重要环节的监造；设备监造的技术要点和验收实施要求。

5.图6-1中锅炉烟风道上的非金属补偿器的主要作用是：补偿管道的热伸长，减小管壁的热胀力和作用在阀件或支架结构上的作用力。根据相关规定，烟风道上的非金属补偿器安装时应确保导流板安装方向及间隙符合设计要求，有足够的膨胀补偿量且密封良好。

【案例二】

【背景资料】

A公司以EPC交钥匙总承包模式中标非洲北部某国一机电工程项目，中标价2.5亿美元。合同约定，总工期36个月，支付币种为美元。设备全套由中国制造，所有技术标准、规范全部执行中国标准和规范。

工程进度款每月10日前按上月实际完成量支付，竣工验收后全部付清，工程进度款支付每拖欠一天，业主须支付双倍利息给A公司。工程价格不因各种费率、汇率、税率变化及各种设备、材料、人工等价格变化而作调整。

施工过程中,A公司发生了下列情况:

(1)当地发生短期局部战乱,工期延误30天,窝工损失30万美元。

(2)原材料涨价,增加费用150万美元。

(3)所在国劳务工因工资待遇罢工,工期延误5天,共计增加劳务工工资50万美元。

(4)美元贬值,损失人民币1200万元。

(5)进度款多次拖延支付,影响工期4天,经济损失(含利息)40万美元。

(6)所在国税率提高,税款比原来增加50万美元。

(7)遭遇百年一遇的大洪水,直接经济损失20万美元,工期拖延10天。

(8)中央控制室接地极施工时,A公司以镀锌角钢作为接地极,遭到业主制止,要求用铜棒作为接地极,双方发生分歧。

(9)负荷试运行时,出现短暂停机,粉尘排放浓度和个别设备噪声超标,经修复、改造及反复测试,各项技术指标均达到设计要求,业主及时签发竣工证书并予以结算。

【问题】

1.A公司中标的工程项目包含哪些承包内容?

2.国际机电工程总承包除项目实施中的自身风险外,还存在哪些风险?

3.A公司可向业主索赔的工期和费用金额分别是多少?

4.业主要求用铜棒做接地极的做法是否合理?简述理由。双方协调后,可怎样处理?

5.负荷试运行应符合的标准有哪些?

参考答案

1.A公司中标的工程项目包含设计、设备及材料采购、土建和安装施工、试运行直至投产运行（无负荷试运行、负荷试运行直至达产达标交钥匙）。

2.国际机电工程总承包除项目实施中的自身风险外，还存在政治风险、财经风险、法律风险、市场和收益风险、不可抗力风险。

3.根据对背景资料的分析可知：

（1）当地发生短期局部战乱，工期延误30天，窝工损失30万美元，可索赔30天的工期。

（2）进度款多次拖延支付，影响工期4天，经济损失（含利息）40万美元，可索赔4天的工期和40万美元的费用。

（3）遭遇百年一遇的大洪水，直接经济损失20万美元，工期拖延10天，可索赔10天的工期。

因此，可索赔的工期是30+4+10=44（天）；可索赔的费用是40万美元。

4.不合理，金属接地极可采用镀锌角钢、镀锌钢管、铜棒或铜排等金属材料制作，镀锌角钢符合中国规范，业主要求属于提高标准。

处理方法：双方协调后继续按照A公司的方案施工；如果按照业主要求必须使用铜棒作为接地极，业主应补材料价差和其他损失。

5.负荷试运行应符合的标准：

（1）生产装置连续运行，生产出合格产品。

（2）负荷试运行的主要控制点正点到达，装置运行平稳、可靠。

（3）不发生重大设备、操作、人身事故，不发生火灾和爆炸事故。

（4）环保设施做到"三同时"，不污染环境。

（5）负荷试运行不得超过试车预算，达到预期的经济效益指标。

【案例三】

【背景资料】

A集团公司（建设单位）与B安装公司（施工单位）就某大型管网安装工程签订了施工合同，合同中有以下一些条款：

（1）项目实施过程中，施工单位要按监理工程师批准的施工组织设计（或施工方案）组织施工，施工单位不再承担因施工方案不当引起的工期延误和费用增加的责任。

（2）项目开工前，建设单位要向施工单位提供场地的工程地质资料和地下主要管网线路资料，供施工单位施工时参考。

（3）无论建设单位是否参加隐蔽工程的验收，当其提出对已经隐蔽的工程重新检验的要求时，施工单位应按要求进行剥露,并在检验合格后重新进行覆盖或修复。检验如果合格,建设单位承担由此发生的经济支出,赔偿施工单位的损失并相应顺延工期;检验如果不合格,施工单位则应承担发生的费用,工期应予顺延。

(4)施工单位应按协议条款约定的时间向建设单位提交实际完成工程量的报告。建设单位工程师代表接到报告7天内按施工单位提供的实际完成的工程量报告核实工程量(计量),并在计量24小时前通知施工单位。

B安装公司为加快进度,保证质量,根据管道用途、技术要求、连接方式和安装工艺,结合工程现状进行实测,该工程采用公司的国家级工法"用BIM技术进行管道工厂化预制"确定了预制的对象和可预制的程度,采用了BIM技术完成了相关管线的综合设计三维模型,导出的管段单线图作为管道工厂化预制的加工依据。

工程开工后,B安装公司项目部组织规划了管道工厂化预制场地,编制了施工方案和技术交底,并对管道安装前的现场进行了检查。

【问题】

1.请分别指出以上合同条款中的不妥之处。

2.针对合同条款中的不妥之处应如何改正?

3.施工方案应包括哪些内容?

4.施工组织设计交底有何要求?交底的内容有哪些?

参考答案

1. 合同条款中的不妥之处如下：

（1）"施工单位不再承担因施工方案不当引起的工期延误和费用增加的责任"不妥。

（2）"供施工单位施工时参考使用"不妥。

（3）"检验如果不合格，工期应予顺延"不妥。

（4）"建设单位工程师代表接到报告7天内按施工单位提供的实际完成的工程量报告核实工程量（计量）"不妥。

2. 针对合同条款中的不妥之处改正如下：

（1）施工单位按监理工程师批准的施工组织设计（或施工方案）组织施工，不应承担非自身原因引起的工期延误和费用增加的责任。或者，施工单位按监理工程师批准的施工组织设计（或施工方案）组织施工，也不应免除施工单位应承担的责任。

（2）保证资料（数据）真实、准确，作为施工单位现场施工的依据。

（3）工期不予顺延。

（4）建设单位工程师代表应按设计图纸对质量合格的已完工程量进行计量。

3. 施工方案的编制内容主要包括工程概况、编制依据、施工安排、施工进度计划、施工准备与资源配置计划、施工方法及工艺要求、质量安全环境保证措施等。

4.（1）工程开工前，施工组织设计的编制人员向现场施工管理人员作施工组织设计的交底。

（2）施工组织设计交底内容：工程特点、难点；主要施工工艺及施工方法；施工进度安排；项目组织机构设置与分工；质量、安全技术措施等。

【案例四】

【背景资料】

某低热值煤发电工程项目中，设计安装2台350MW超临界直接空冷机组，配套1198t/h超临界循环流化床锅炉。一次中间再热、直接空冷抽汽凝汽式汽轮发电机组、空冷发电机，采用炉外湿法脱硫方式，同步建设SNCR脱硝装置，预留SCR脱硝装置、湿式除尘空间。其中甲为建设单位，乙为总承包单位，丙为施工单位，丁为监理单位。

丙施工单位在开工前编制施工进度计划（见图6-2），经审核后上报监理，总监理工程师审批同意。

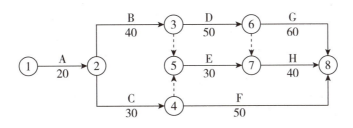

图6-2 施工进度计划（单位：天）

G工作由于连续降雨累计20天，导致实际施工80天完成，其中15天降雨超过近50年气象资料记载的最大强度，乙总承包单位及时提出20天的索赔要求。

在大板梁吊装方案论证过程中，总承包单位先后经历二次论证，论证持续时间为10天，乙总承包单位及时提出10天的索赔要求。

在调试除尘设备时，监理工程师发现丙施工单位没有按技术规程要求进行调试，有较大安全质量隐患，要求立即整改。丙施工单位用1.5天时间整改验收后同意复工。丙施工单位向丁监理单位总监理工程师提交费用索赔和工程延期的申请。

经总监理工程师积极组织协调，该项目工程运行平稳，进度、质量、安全等各项指标都取得很好的效果。

【问题】

1．计算该工程的工期，并找出其关键线路。

2．对G工作，乙总承包单位及时提出的20天的索赔要求是否正确？说明理由。说明在大板梁吊装方案论证时间上，乙总承包单位提出的10天的索赔错误的原因。

3．调试除尘设备后，丙施工单位向丁监理单位总监理工程师提交费用索赔和工程延期的申请是否妥当？

4．写出调试除尘设备相关索赔处理的程序。

参考答案

1. 工期为：20+40+50+60=170（天）；关键线路为 A→B→D→G。

2.（1）对 G 工作，乙总承包单位及时提出的 20 天的索赔要求不正确。G 工作施工过程连续降雨累计 20 天，其中 15 天属于有经验承包方不能合理预见的，5 天是承包单位应承担的风险，所以可以索赔 15 天的工期。

（2）在大板梁吊装方案论证时间上，乙总承包单位提出的 10 天的索赔要求错误的原因：方案论证的费用和时间是承包单位应承担的。

3. 不妥当。甲建设单位与丙施工单位没有合同关系；调试除尘设备时发现的问题属施工单位原因。

4. 调试除尘设备相关索赔处理程序：

（1）丙施工单位向乙总承包单位提出索赔，乙总承包单位向丁监理单位提出索赔意向书。

（2）丁监理单位收集与索赔有关的资料。

（3）丁监理单位受理乙总承包单位提交的索赔意向书。

（4）总监理工程师对索赔申请进行审查，初步确定费用额度和延期时间，与乙总承包单位和甲建设单位协商。

（5）总监理工程师对索赔费用和工程延期作出决定。

【案例五】

【背景资料】

某大型机电工程项目经过招标投标，由具有资质的安装公司承担机电安装工程和主要机械、电气设备的采购。安装公司组建了项目部，并在合同中明确了项目经理，进场后，按合同工期、工作内容、设备交货时间、逻辑关系及工作持续时间编制了施工进度计划（见表 6-1）。

表 6-1 施工进度计划

工作内容	紧前工作	持续时间（天）
施工准备	—	10
设备订货	—	60
基础验收	施工准备	20
电气安装	施工准备	30
机械设备及管道安装	设备订货、基础验收	70
控制设备安装	设备订货、基础验收	20
调试	电气安装、机械设备及管道安装、控制设备安装	20
配套设施安装	控制设备安装	10
试运行	调试、配套设施安装	10

在计划实施过程中，电气安装滞后 10 天，调试滞后 3 天。

设备订货前，安装公司认真对供货商进行了考查，并在技术、商务评审的基础上对供货商进行了综合评审，最终选择了各方均满意的供货商。同时，安装公司组建了设备监造小组进入供货厂开始工作。

在电气安装时,电工队对成套配电装置整定了以下内容:

(1)过电流保护整定:电流元件整定和时间元件整定。

(2)三相一次重合闸整定:重合闸延时整定和重合闸同期角整定。项目总工程师在送电前检查时,发现对成套配电装置的整定内容不全,要求电气队补充完善。

为保证设备试运行正常,在运行调试前,机械厂要求设备供货商进入现场和安装公司一起进行了设备运转调试检验。

【问题】

1.根据表6-1计算总工期需多少天?电气安装滞后及调试滞后是否影响总工期?并分别说明理由。

2.设备采购前的综合评审除考虑供货商的技术和商务外,还应从哪些方面进行综合评价?

3.电工队对成套配电装置的整定内容还应补充哪些?

4.设备运行调试检验有何要求?

参考答案

1.（1）根据表6-1计算的总工期为：60+70+20+10=160（天）。

（2）电气安装滞后10天对总工期无影响，因为电气安装不属于关键工作，且电气安装滞后的时间小于电气安装工作的总时差90天。

调试滞后3天影响总工期，且将导致总工期延误3天，因为调试工作属于关键工作。

2.设备采购前的综合评审除考虑供货商的技术和商务外，还应从质量、进度、费用、厂商执行合同的信誉、同类产品的业绩、交通运输条件等方面进行综合评价。

3.电工队对成套配电装置的整定还应补充以下内容：

（1）过负荷告警整定：过负荷电流元件整定、时间元件整定。

（2）零序过电流保护整定：电流元件整定、时间元件整定、方向元件整定。

（3）过电压保护整定：过电压范围整定、过电压保护时间整定。

4.设备运行调试检验要求如下：

（1）设备的调试和运行应按制造商的书面规范逐项进行。

（2）所有待试的动力设备，传动、运转设备应按规定加注燃油、润滑油（脂）、液压油、冷却液等。

（3）相关配套辅助设备均处于正常状态。

（4）记录有关数据形成运行调试检验报告。

【案例六】

【背景资料】

某公司承接50万t/年聚甲氧基二甲醚工程。

A公司安排B施工队负责冷冻站丙烯压缩机厂房内设备、工艺管道安装（到车间外第一个法兰口）。丙烯压缩机组由离心压缩机、汽轮机、联轴器及分离器、冷却器、润滑油站、高位油箱、干气密封系统、控制系统等辅助设备、系统组成，为方便施工及设备检修，车间设计一台30/5t桥式起重机（跨度30.5m）。

压缩机采用单缸结构，由2段6级组成，轴端密封采用干气密封，原动机采用NK25/29型汽轮机。汽轮机与压缩机之间采用膜片联轴器连接。整个机组由润滑油站提供润滑油，压缩机与汽轮机布置在公用底座上。压缩机的附属设备包括压缩机辅机容器（如进、排气缓冲器，冷却器和分离器等）和附属管道的安装。

施工单位进场后编制了项目施工组织设计及各项施工方案，并经监理工程师及业主批准实施。

在压缩机安装前，施工班组在地脚螺栓安放前，将预留孔中的杂物清理干净；并将地脚螺栓上的油污和氧化皮等清除干净，螺纹部分也涂抹了油脂；并在压缩机初步找平、找正后，请监理工程师验收。验收时，监理工程师认为压缩机地脚螺栓和垫铁的安装不符合规范要求（见图6-3），不予验收，要求A公司进行整改。

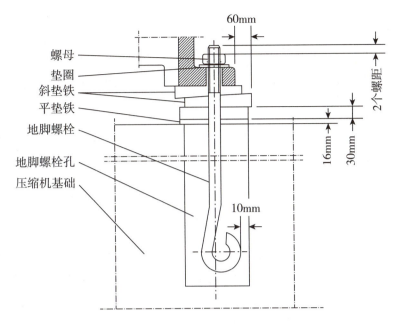

图6-3 压缩机地脚螺栓、垫铁安装示意图

A公司施工项目部针对上述质量问题进行了调查,查找问题的原因,希望类似的问题在其他设备安装中不再发生。检查发现:施工方案中有垫铁和地脚螺栓的安装要求。专业工程师已对压缩机安装方案向施工班进行了技术交底,交底人和接受交底人都在交底记录上签了字。再查发现交底的内容有缺失,导致上述质量问题。

经整改后通过验收。按计划完成了压缩机组的全部安装工作,经试运行后,达到交工验收条件。

【问题】

1. 压缩机安装中垫铁和地脚螺栓的安装存在哪些质量问题?在地脚螺栓孔灌浆后应形成的质量记录是什么?

2. 哪个设备的安装需要编制专项施工方案?该方案在实施前需要履行怎样的审批手续?

3. 压缩机安装中必需的计量检测设备有哪些?项目部对计量检测设备应该如何管理?

4. 压缩机空负荷试运行中对润滑油油压和温度有什么要求?试运行合格的标准是什么?

答题区

1.（1）压缩机安装中，垫铁和地脚螺栓的安装存在的问题：①地脚螺栓与孔壁的间距为10mm，小于15mm；②放置平垫铁，厚的放在中间，薄的放在下面；③斜垫铁露出设备底板外缘60mm，不符合10~50mm的规定。

（2）地脚螺栓孔灌浆后应形成的质量记录有：隐蔽工程验收记录。

2.（1）桥式起重机的安装须编制专项施工方案。

（2）专项施工方案实施前必须经过施工单位技术负责人审核签字并加盖单位公章，并由总监理工程师审核签字，加盖职业资格印章后，在经过专家论证并通过后，方可实施。

3.（1）压缩机安装中必需的计量检测设备有：游标卡尺、千分尺（内径、外径）、螺纹规、千分表（带表架）、塞尺、水平仪（条式、框式、合像水平仪）、钢卷尺、钢板尺、深度尺、水准仪。

（2）计量检测设备的管理：专人管理、建立台账、标识清楚、安全防护、分类存放、定期盘点。

4.（1）压缩机空负荷试运行中润滑油油压不得小于0.1MPa，曲轴箱或机身内润滑油温度不能高于70℃。

（2）试运行合格的标准：各运动部件无异响；各紧固件无松动。

【案例七】

【背景资料】

A公司承担某工业企业压缩机厂房增建工程的设备、工艺管道安装工程。工程内容包括离心式压缩机组、工艺管道、桥式起重机等。其中：蒸汽驱动离心式压缩机组由某国际知名厂家生产，额定转速为9600r/min；桥式起重机，额定起重量为20/5t，起升高度为25m；主要工艺管道：压缩机输送介质含有H_2、CO等气体。主要工艺管道参数见表6-2。

表6-2 主要工艺管道参数

参数	中压蒸汽管道	压缩机吸/排气管道	
额定工作压力	3.82MPa	吸入段	1.7MPa
		排出段	8.1MPa
额定工作温度	450℃	40℃	
管道材质	15CrMoG（GB/T 5310）	20（GB/T 3087）	
管道规格	Φ273×11（mm）	吸入段	Φ426×19（mm）
		排出段	Φ377×17（mm）

工程开工前，A公司编制完成压缩机厂房的单位工程施工组织设计，编制依据的工程文件有技术协议、主要的材料设备清单和会议纪要等。在报监理工程师审核时因编制依据中工程文件不全面被退回。

在工艺管道安装过程中，一段水平安装的蒸汽管道的一个吊架，其安装时与管道轴线垂直，如图6-4所示。设计文件显示，蒸汽管道在该吊架处的设计热位移值为36mm，且未规定具体的安装方式。监理工程师要求A单位对吊架的安装方式进行更正。

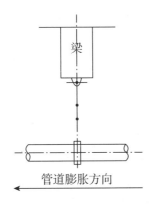

图6-4 蒸汽管道吊架安装示意图

安装蒸汽管道时，监理工程师强调A单位要按规范对合金钢管材进行材质复查。A单位认为，其采购的合金钢管的质量证明文件齐全，本工段材料采购人员开工以来仅采购过15CrMoG和0Cr8Ni9两种合金钢管材，而两种管材的外观差别明显，不可能混用，因而拒绝复查。

A单位为了赶工期，在压缩机组未完成精度调整的情况下进行了机组润滑油管道的安装。待压缩机安装完成、地脚螺栓完全紧固，润滑油管道拆卸、清洗合格后复装，发现管道处于自由状态时，一处设备与管道的连接法兰端面之间存在5mm间隙。施工人员在用强紧法兰螺栓的做法复装时，被监理工程师及时发现而制止。

【问题】

1.根据背景给出的内容，判别A单位施工范围内有哪几类特种设备。

2.监理工程师要求更正吊架安装方式的理由是什么？并请画出该吊架的正确安装方式示意图。

3.A单位拒绝合金钢材质管道复查的做法是否正确？工业管道工程一般要求对哪些材质的管道组成件进行材质复查？

4.在压缩机组未完成精度调整的情况下进行机组润滑油管道的安装，A单位的做法违反了哪些施工管理要求和技术要求？

5.本工程施工组织设计编制所依据的工程文件还包括哪些内容？

6.压缩机吸气/排气管道除压力试验外，还必须做哪种试验？为什么？

答题区

参考答案

1. 根据背景资料，判别A单位施工范围内的特种设备有：桥式起重机、中压蒸汽管道、压缩机吸气/排气管道。

2. 监理工程师要求更正吊架安装方式的理由是：蒸汽管道为有热位移的管道，根据设计文件，吊点应设置在热位移的相反方向，按设计热位移值的1/2（即18mm）偏位安装，如图6-5所示。

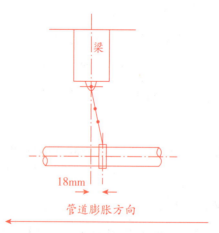

图6-5 正确的吊架安装方式示意图

3. A单位拒绝合金钢材质管道复查的做法不正确，复查与否，是技术标准的规定，与采购的品种种类无关。对于铬钼合金钢、含镍低温钢、不锈钢、镍及镍合金、钛及钛合金材料的管道组成件，应采用光谱分析或其他方法对材质进行复查，并应做好标识。

4.在压缩机组未完成精度调整的情况下进行机组润滑油管道的安装违反了以下施工管理和技术要求：

管理要求：违反了施工方案对施工工序的要求。

技术要求：工业金属管道安装前，与管道连接的设备应找正合格，固定完毕；管道与设备的连接应在设备安装定位并紧固地脚螺栓后进行；工业金属管道连接时，不得强力对口。

5.本工程施工组织设计编制所依据的工程文件还应包括施工图纸、设备技术文件（压缩机、起重机）、新产品工艺性试验资料。

6.压缩机吸气/排气管道除压力试验外还应进行泄漏性试验。输送极度和高度危害介质以及可燃介质的管道，必须进行泄漏性试验。工程中的H_2、CO都是可燃介质，CO是高度危害介质。

【案例八】

【背景资料】

某机电工程施工单位承包了一项设备总装配厂房钢结构安装工程。合同约定，钢结构主体材料H型钢由建设单位供货。根据住房和城乡建设部关于《危险性较大的分部分项工程安全管理办法》（建质〔2009〕87号）的规定，本钢结构工程为危险性较大的分部分项工程，施工单位按照该规定的要求，对钢结构安装工程编制了专项方案，并按规定程序进行了审批。

钢结构屋架为桁架结构，跨度30m，上弦为弧线形，下弦为水平线，下弦安装标高为21m。单片桁架吊装重量为28t，采用地面组焊后整体吊装。施工单位项目部采用2台吊车抬吊的方法，选用60t汽车吊和50t汽车吊各一台。根据现场的作业条件，60t吊车最大吊装能力为15.7t，50t吊车最大吊装能力为14.8t。项目部认为吊车的总吊装能力大于桁架总重量，满足要求，并为之编写了吊装技术方案。

施工过程中，监理工程师发现下列情况：

钢结构屋架吊装若不计算吊具重量，吊装方案亦不可行。

钢结构用H型钢没有出厂合格证和材质证明，也无其他检查检验记录。建设单位现场负责人表示，材料质量由建设单位负责，并要求尽快进行施工。施工单位认为H型钢是建设单位供料，又有其对质量的承诺，因此仅进行数量清点和外观质量检查后就用于施工。

项目部在材料管理上有失控现象：钢结构安装作业队存在材料错用的情况。追查原因得知是作业队领料时，钢结构工程的部分材料被承担外围工程的作业队领走，所需材料存在较大缺口，为赶工程进度，领用了项目部材料库无标识的材料，经检查，项目部无材料需用计划，为此监理工程师要求整改。

项目部整改后，加强了管理，整个施工过程中，配备了工程所需的人员，项目如期完工。工程竣工后，项目部在公司的领导下进行了施工技术档案的移交。

【问题】

1. 除厂房钢结构安装外,至少还有哪项工程属于危险性较大的分部分项工程?专项方案实施前应由哪些人审核签字?

2. 通过计算吊装载荷,说明钢结构屋架起重吊装方案为什么不可行?

3. 施工单位对建设单位供应的H型钢放宽验收要求的做法是否正确?说明理由。施工单位对这批H型钢还应做哪些检验工作?

4. 项目部应配备哪些工程所需的特种作业人员?

5. 项目部在材料管理上有哪些漏洞,该如何避免此类现象发生?

答题区

参考答案

1.（1）除厂房钢结构安装外，钢结构屋架吊装工程也属于危险性较大的分部分项工程。

（2）专项方案实施前应由施工单位技术负责人审批签字、加盖公章，并由项目总监理工程师和建设单位项目负责人审查签字，加盖执业印章。

2.取k_1=1.1，k_2=1.1（1.2），吊装计算载荷=28×1.1×1.1=33.88（t）[或28×1.1×1.2=36.96（t）]，大于60t和50t吊车在吊装状态时的吊装能力[15.7+14.8=30.5（t）]，方案不可行。

3.不正确。进场材料必须按规定程序和内容进行检查验收。

还应进行的工作有：做好验收记录和标识；检查产品出厂合格证或材质证明；要求复检的材料应检查取样送检证明报告。

4.项目部应配备的工程所需的特种作业人员有：电工作业人员、金属焊接切割作业人员、起重机械作业人员、企业内机动车辆驾驶人员、登高架设作业人员、放射线作业人员等。

5.（1）项目部在材料管理上的漏洞：

①材料错用；②材料无标识；③无材料需用计划；④领料环节管理缺失等。

（2）为避免该现象应采取的措施：

①材料保管应做到：专人管理，建立台账，标识清楚，定期盘点。

②材料领发应做到：建立领发料台账，限额领料，定额发料，超限额用料经签发批准。

【案例九】

【背景资料】

某施工单位与建设单位签订了一项机电安装工程和厂房钢结构安装项目施工承包合同。合同中对于钢结构安装方法作了详细的规定，具体包括钢结构安装工艺流程、测量方案、构件安装等。合同规定钢材等主材由建设单位供货。施工单位项目部材料供应部门按照设计给出的材料表从建设单位处将全部钢结构需用材料领出，入库之后，通知相关工程队领取。

施工过程中发生了下列情况：

一网架结构进行吊装时，构件发生了失稳，由于施工单位对施工机械使用建立了相关制度，且对施工机械设备操作人员有严格要求，处理及时，没有发生严重后果。

施工单位项目部下属工程队中，甲队负责钢结构框架施工，乙队负责管架制作与安装。

甲队认为框架还不具备预制施工作业条件，未立即领取材料。乙队为了抢进度和使用方便，在还未报送材料需用计划的情况下，就将本队钢结构施工相关的库存所有规格型号的型钢全部领走。

工程施工开始后，甲队领取了库存所剩余的型钢，并在按计划进行框架钢结构预制时发现型钢规格型号不全，再次到项目部材料供应部门领取时，发现已经领完了，这迫使甲队处于间歇停工待料状态。此时，乙队负责制作的管架预制基本完成，还剩余了部分材料。项目部材料供应部门将余料调剂到甲队，甲队的材料仍然有缺口。

对自行采购的工程材料，项目部材料供应部门运用ABC分类法和价值工程法探索了节约材料的途径，有效地降低了材料成本，提高了经济效益。

【问题】

1. 网架结构构件失稳的主要原因是什么？可以采取哪些预防措施？
2. 甲、乙两个工程施工队在领取材料中各有哪些错误做法？正确的做法是什么？
3. 施工单位项目部材料供应部门在材料领发过程中存在哪些问题？应该怎样纠正？
4. ABC分类法和价值工程法在节约材料中分别有什么作用？
5. 施工单位对施工机械使用应建立哪些相关制度？对施工机械设备操作人员有哪些要求？

答题区

参考答案

1.（1）吊装设备或构件失稳的主要原因：设计与吊装时受力不一致，设备或构件刚度偏小。

（2）预防措施：对于细长、大面积设备或构件采用多吊点吊装；薄壁设备加固加强；对于型钢结构、网架结构的薄弱部位或杆件进行加固或加大截面，提高刚度。

2.（1）错误之处：

其一，甲队不及时领料，乙队超限额乱领和多领材料。

其二，两队均未事先报送材料需用计划，违背了材料的领用制度。

（2）正确做法：

其一，用料前向项目经理部材料供应部门报送材料需用计划，并经供应部门审批和同意后，方可领料。

其二，按审批的材料需用计划实行限额领料。

其三，施工完后剩余材料及时办理退库。

3.（1）施工单位项目部材料供应部门存在的问题：

其一，仅按照设计材料表向建设单位领料。

其二，发放材料在时间上、数量上很随意，没有体系。

其三，缺乏组织程序。

（2）解决该问题的措施：

其一，建立和完善材料需用和供应计划体系。

其二，严格执行材料使用限额领料制度。

4.（1）ABC分类法的作用：找出材料管理的重点。

（2）价值工程方法的作用：寻求降低材料成本、提高应用价值的主要途径，即明确可以降低成本的对象，改进设计和研究材料代用。

5.（1）对施工机械使用应建立的制度：

①使用管理定人、定机、定岗位的"三定"制度。

②严格操作制度。

③安全操作规程。

④使用保养制度。

（2）对施工机械设备操作人员的要求：

①严格按照操作规程作业，搞好设备日常维护，保证机械设备安全运行。

②对特种作业严格执行持证上岗制度并审查证件的有效性和作业范围。

③逐步达到施工机械的"四懂三会"（懂性能、懂原理、懂结构、懂用途；会操作、会保养、会排除故障）的要求。

④做好机械设备运行记录，填写项目真实、齐全、准确。

【案例十】

【背景资料】

A安装公司承包某高层建筑通风空调工程的施工。合同约定：燃气锅炉、交换机、冷水机组、冷却塔、水泵和风机盘管等机组由业主采购，其他材料、配件由A安装公司采购，并且通风空调工程要达到建筑节能工程施工质量验收规范的要求。高层建筑的建筑结构、装饰工程、建筑给水排水和建筑电气工程由B建筑公司承包施工。

A安装公司项目部在3月1日进场后，因业主采购的设备晚于风管制作安装的开工时间，项目部及时联系空调设备供应商，了解设备的各类参数及到场时间，并及时与B建筑公司协调交叉配合施工的时间与节点。编制了通风空调工程的施工方案、施工进度计划（见表6-3）和材料采购供应计划。

表6-3 空调工程施工进度计划

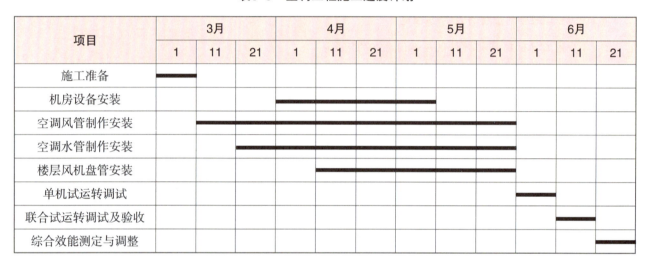

在施工中，因业主采购的风机盘管没有按进度计划到场，晚了10天才送达施工现场，A公司项目部进行外观及技术文件的检查，立即进行安装，被监理工程师叫停，要求对风机盘管进行复验，并见证取样送检，合格后方可使用。

A安装公司项目部与B建筑公司协调配合，通风空调设备单机送电调试，空调系统带冷源的联合试运转24h后，按验收程序对高层建筑通风空调工程实施竣工验收。

【问题】

1. 进度计划中空调机房设备安装开始时间晚于空调水管制作安装多少天？是否影响空调水管的制作安装？A公司项目部应与设备供应商沟通确定哪些技术要求？

2. 风机盘管机组到达施工现场要复试哪些参数？如何实施？

3. 在风机盘管安装作业面的安排上，A公司项目部应与B公司协调的工作有哪些内容？

4. 本通风空调工程是否可以进行竣工验收？说明理由。

答题区

参考答案

1.（1）进度计划中空调设备安装开始时间晚于空调水管制作安装11天。

（2）不影响水管制作安装，空调水管可以在楼层中先开始制作安装。

（3）A公司项目部在水管制作安装前应与设备供应商及时沟通确定设备的接口形式、规格尺寸、与设备连接端部的做法。

2.（1）风机盘管机组到达施工现场要对供冷量、供热量、风量、水阻力、功率及噪声等参数进行复试。

（2）检验方法为随机抽样送检，核查复验报告，要求同一厂家的风机盘管机组按数量复验2%，不得少于2台。

3.在风机盘管安装作业面的安排上，A公司项目部与B公司应协调好临时设施的共同使用，共用机具的移交，已完工程的成品保护措施。

如果同一工作面涉及搭接作业，则还应协调好开始搭接的作业时间、搭接的初始部位、作业完成后现场的清理工作。

4.（1）通风空调工程可以进行竣工验收。

（2）因为竣工时间是6月份夏季，工程进行了24h带冷源的联合试运转，带冷源的联合试运转不应少于8h，带热源的试运转可到冬季时做。

【案例十一】

【背景资料】

某钢厂将一条年产100万t宽厚板轧制生产线的建设项目,通过招标方式,确定该项目中的板坯加热炉车间和热轧制车间交由具有冶金施工总承包一级资质的企业实施总承包,具体负责土建施工,厂房钢结构制作、安装,车间内300t桥式起重机的安装,设备安装与调试及各能源介质管道施工等,建设工期为16个月。

在施工过程中发生如下事件:

其一,因为工期太紧,总承包单位人力资源的调配出现短缺,为不影响该工程的建设进度,征得监理工程师同意后,其将该工程中的部分土建工程和车间内桥式起重机的安装实施了分包,对于车间内桥式起重机的安装,总承包单位技术负责人向该单位技术负责人进行了技术交底。

其二,分包单位在进行车间内桥式起重机的安装时,由于使用总承包单位的一台起重设备,与总承包单位在该设备使用时间上发生了冲突,后经双方协商得到了解决。

其三,由于距离施工现场几百米的地方有一个小村庄,加上赶工期,工程施工昼夜进行,工程施工给当地的居民生活带来了较大的影响,特别是施工中所产生的噪声和光污染,当地居民在找到施工总承包单位具体负责人反映情况未果的情况下,集体向当地有关部门进行了投诉。

【问题】

1. 为了使内部协调管理取得实效,施工总承包单位应采取哪些措施?
2. 在施工中,总承包单位与分包单位在什么方面上出现了沟通协调问题?
3. 总承包单位在实施该项目时应考虑哪些内、外环节的沟通联系?
4. 总承包单位在实施分包中存在何种错误?对各分包单位应有哪些要求?
5. 总承包单位在施工中应如何控制噪声和光污染?

参考答案

1. 为了使内部协调管理取得实效，施工总承包单位应采用的措施有：组织措施，制度措施，教育措施，经济措施。

2. 总承包单位与分包单位协调属于项目内部协调。在设备使用上的冲突，暴露了双方在施工资源分配供给方面的协调出现了问题。由于未能进行事先的沟通协调和安排，以至于在施工中出现了争抢。

施工资源分配供给协调要注意符合施工进度计划安排、实现优化配置、进行动态调度、合理有序供给、发挥资金效益。

3. （1）总承包单位应考虑的内部联系环节有：总承包单位与分包单位之间、土建单位与安装单位之间、安装工程各专业之间。

（2）总承包单位应考虑的外部联系环节有：总承包单位和业主、设计单位、设备制造厂、监理公司、市场监管部门、市政部门、供电部门、当地村庄和居民等之间。

4. （1）总承包单位在实施分包中仅仅征得监理工程师的同意是错误的，应将工程项目分包内容、分包单位的情况通知业主，并征得业主同意。

（2）土建分包单位不但要有房屋建筑资质，而且还应有大型设备基础施工经验；桥式起重机分包单位应具备桥式起重机（起重机械）安装、维修A级资质。

5. （1）在施工现场对噪声进行实时监控与控制，现场噪声排放不得超过国家标准规定。

（2）尽量使用低噪声、低振动的机具，采取隔声与隔振措施。

（3）夜间电焊作业采取遮挡措施，避免电焊弧光外泄。

（4）大型照明灯具控制照射角度，防止强光外泄。

【案例十二】

【背景资料】

A安装公司承包某大楼空调设备的智能监控系统安装工程，主要监控设备有现场控制器DDC、电动调节阀、电动风阀驱动器（驱动风阀）和温度传感器（水管型、风管型）等。

大楼的空调工程是B安装公司承包施工。合同约定：全部监控设备由A公司采购，但其中电动调节阀和电动风阀驱动器由B安装公司安装，空调系统的调试由两家公司共同负责。

A安装公司项目部进场后，依据B安装公司提供的空调工程施工组织设计、空调工程施工方案、变风量空调机组监控设计方案（见图6-6）和空调工程施工进度计划（见表6-4）等资料，编制空调监控设备的施工方案、监控设备施工进度计划和监控设备材料采购计划。

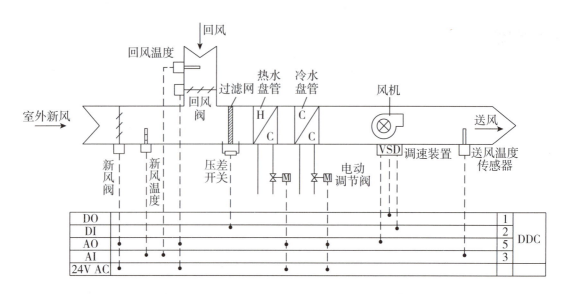

图6-6 变风量空调机组监控设计方案示意图

表6-4 空调工程施工进度计划（单位：天）

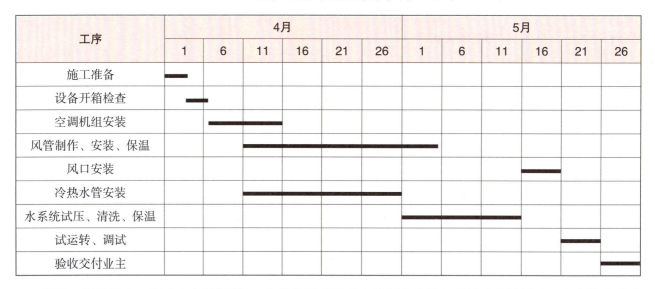

因施工场地狭小，为减少仓储保管，A安装公司项目部在编制监控设备材料采购计划时，考虑集中采购与分批到货的采购计划，要求设备的采购计划涵盖空调工程施工的全过程，使设备材料采购计划与施工进度合理搭接，处理好它们之间的接口管理关系。

A安装公司在监控工程实施过程中，积极与B安装公司协调，及时调整偏差，使监控工程的施工符合空调工程的施工进度计划，A安装公司和B安装公司共同实施对通风空调系统的联动试运行调试，使空调监控工程按合同要求完工。

【问题】

1.项目部在编制监控设备采购计划时应注意哪些市场现状？

2.A安装公司项目部编制的空调监控设备进度计划在实施过程中会受到哪些因素的制约？

3.电动调节阀最迟到货时间是哪天？安装前主要检验内容是哪几项？

4.写出铂温度传感器（风管型）的安装起止时间及连接到现场控制器的接线电阻要求。

5.空调机组联合试运转调试由哪个安装公司为主组织实施？变风量空调机组联合试运转调试中主要检测哪些参数？

参考答案

1.项目部在编制监控设备采购计划时，应注意供货商的供货能力和生产周期，确定供货的最佳时机。考虑监控设备的运输距离、运输方法和时间，使设备到货与施工进度安排有恰当的时间提前量，以减少仓储保管费用。

2.A安装公司编制的空调监控设备施工进度计划在实施过程中会受到以下因素的制约：

（1）空调工程施工进度计划的变化。

（2）空调工程施工现场的实体现状。

（3）空调设备、监控设备的安装工艺规律。

（4）设备材料进场时机，施工机具和作业人员配备。

3.（1）在空调工程施工进度计划中，冷热水管道在4月11日开始安装，故电动调节阀到货的最迟时间是4月11日。

（2）电动调节阀安装前应按说明书规定检查线圈与阀体间的电阻，进行模拟动作试验和压力试验，阀门外壳上的箭头指向与水流方向一致。

4.因为风管型传感器安装应在风管保温完成后进行，在空调工程施工进度计划中，风管制作安装保温工作是在5月5日结束，5月16日开始风口安装，故铂温度传感器安装的起止时间是5月6日—5月15日，铂温度传感器与现场控制器之间的接线电阻应小于1Ω。

5.（1）空调机组联合试运转调试由B施工单位为主组织实施，A施工单位为辅联合组织实施。

（2）变风量空调机组联合试运转调试中主要检测的参数：

①空调机组送风量的大小及送回风温度的设定值。

②过滤网的压差开关信号。

③风机故障报警信号，相应的安全联锁控制等。

【案例十三】

【背景资料】

A安装公司承包某分布式能源中心的机电安装工程，工程内容有三联供机组（供电、供冷和供热）、配电柜、水泵等设备安装和冷热水管道、电缆排管及电缆施工。分布式能源中心的三联供机组、配电柜、水泵等由业主采购，金属管道、电力电缆及各种材料由A安装公司采购。

A安装公司项目部进场后，编制了施工进度计划（见表6-5）、预算费用计划及质量预控方案。对业主采购的三联供机组、水泵等设备检查，核对技术参数，符合设计要求。

表6-5 施工进度计划

序号	工作内容	持续时间	开始时间	完成时间	紧前工作
1	施工准备	10d	3.1	3.10	—
2	基础验收	20d	3.1	3.20	—
3	电缆排管施工	20d	3.11	3.30	1
4	水泵及管道安装	30d	3.11	4.9	1
5	机组安装	60d	3.31	5.29	2、3
6	配电及控制箱安装	20d	4.1	4.20	2、3
7	电缆敷设、连接	20d	4.21	5.10	6
8	调试	20d	5.30	6.18	4、5、7
9	配套设施安装	20d	4.21	5.10	6
10	试运行验收	10d	6.19	6.28	8、9

设备基础验收合格后，采用卷扬机及滚杠滑移系统将三联供机组二次搬运、吊装就位，安装中设置了

质量控制点，做好施工记录，保证了安装质量，达到了设计及安装说明书的要求。

项目部将2000m电缆排管施工分包给B公司，预算单价120元/m。在3月22日结束前检查，B公司只完成电缆排管施工1000m，但支付给B公司的工程进度款累计达160000元，项目部对B公司提出了警告，要求加快进度。

在热水管道施工中，按施工图设计位置碰到其他管线，使热水管道施工受阻，项目部向设计单位提出设计变更，改变了热水管道的走向，使水泵和管道安装工作拖延到4月29日才完成。

在分布式能源中心项目试运行验收中，有一台三联供机组运行噪声较大，经有关部门检验分析及项目部提供的施工文件证明，不属于安装质量问题，经增加机房的隔声措施后通过验收。

【问题】

1. 项目部在验收水泵时应认真核对哪些技术参数？

2. 三联供机组在吊装就位后，试运行前有哪些安装工序？

3. 计算电缆排管施工的费用绩效指数CPI和进度绩效指数SPI。判断其是否会影响总施工进度？

4. 在热水管道施工中，项目部应如何变更设计图纸？水泵及管道安装施工进度偏差了多少天？是否大于总时差？

5. 在试运行验收中，项目部可提供哪些施工文件来证明不是安装质量问题？

参考答案

1.项目部在验收水泵时，应认真核对水泵的型号、流量、扬程、轴功率、转速、效率和必需气蚀余量，以免错用后达不到设计要求。

2.三联供机组在吊装就位后，试运行前的主要工序有设备安装精度调整与检测、设备固定与灌浆、设备装配、润滑与设备加油。

3.根据背景资料可知：

已完工程预算费用=1000m×120元/m=120000（元）。

已完工程实际费用=160000元。

根据背景资料可知，在3月22日结束时：

计划工程预算费用$BCWS=12\div20\times2000\times120=144000$（元）。

由此可以计算费用绩效指数和进度绩效指数，如下所示：

费用绩效指数=已完工程预算费用÷已完工程实际费用=120000÷160000=0.75。

进度绩效指数=已完工程预算费用÷计划工程预算费用=120000÷144000=0.83。

由于进度绩效指数均小于1，电缆排管施工进度滞后，且电缆排管施工属于关键工作，因此会影响总施工进度。

4.（1）由项目部的专业工程师提出设计变更申请单，经项目部技术管理部门审核后，送交建设（监理）单位）审核，经设计单位同意后，由设计单位签发设计变更通知书并经建设（监理）单位会签后生效。

（2）水泵和管道安装施工滞后了20天，由于该项工作的总时差是50天，进度偏差小于总时差。

5.在试运行验收中，项目部可提供的施工文件有工程合同、设计文件、三联供机组安装技术说明书、施工记录及验收记录等。

【案例十四】

【背景资料】

某安装公司分包一商务楼（1~5层为商场，6~30层为办公楼）的变配电工程，工程的主要设备（三相干式电力变压器、手车式开关柜和抽屉式配电柜）由业主采购，设备已运抵施工现场。其他设备、材料由安装公司采购。合同工期60天，并约定提前一天奖励5万元人民币，延迟一天罚款5万元人民币。

安装公司项目部进场后，依据合同、施工图、验收规范及总承包的进度计划，编制了变配电工程的施工方案、进度计划（见图6-7）、劳动力计划和计划费用。

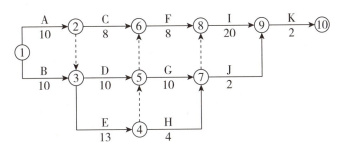

图6-7 变配电工程进度计划（单位：天）

项目部施工准备工作用去了5天。当正式施工时，因商场须提前送电，业主要求变配电工程提前5天竣工。项目部按工作持续时间及计划费用（见表6-6）分析，在关键工作上，以最小的赶工增加费用，在试验调整工作前赶出5天。

表6-6 工作持续时间及计划费用表

代号	工作内容	紧前工作	持续时间（天）	计划费用（万元）	可压缩时间（天）	压缩单位时间增加费用（万元/天）
A	基础框架安装	—	10	10	3	1
B	接地干线安装	—	10	5	2	1
C	桥架安装	A	8	15	3	0.8
D	变压器安装	A、B	10	8	2	1.5
E	开关柜配电柜安装	A、B	13	32	3	1.5
F	电缆敷设	C、D、E	8	90	2	2
G	母线安装	D、E	10	80	—	—
H	二次线路敷设	E	4	4	1	1
I	试验调整	F、G、H	20	30	3	1.5
J	计量仪表安装	G、H	2	4	—	—
K	检查验收	I、J	2	2	—	—

进入试验调整工作时，发现有2台变压器线圈因施工中保管不当受潮，干燥处理用去3天，并增加费用3万元，项目部又赶工3天。变配电工程最终按业主要求提前5天竣工，验收合格后，资料整理齐全，准备归档。

【问题】

1. 项目部在哪几项关键工作上赶工了？分别列出其赶工天数和增加的费用。
2. 变配电工程原计划施工费用是多少？
3. 变压器线圈可采用哪种加热方法干燥？干燥后必须检查哪项内容合格后方可做耐压试验？
4. 变配电工程可按哪种工程划分类别进行竣工验收？竣工资料何时归档？
5. 计算变配电工程的成本降低率。

答题区

参考答案

1. 关键线路有两条：

①→②→③→④→⑤→⑦→⑧→⑨→⑩。

①→③→④→⑤→⑦→⑧→⑨→⑩。

关键工作有A、B（A和B并列）、E、G、I、K；

基础框架安装工作（A）赶工2天，赶工费：2×1=2（万元）。

接地干线安装工作（B）赶工2天，赶工费：2×1=2（万元）。

开关柜配电柜安装工作（E）赶工3天，赶工费：3×1.5=4.5（万元）。

试验调整工作（I）赶工3天，赶工费：3×1.5=4.5（万元）。

总的赶工费用是2+2+4.5+4.5=13（万元）。

2. 因为变配电工程原计划费用为各工序计划费用之和，因此原计划费用为：

10+5+15+8+32+90+80+4+30+4+2=280（万元）。

3. （1）变压器线圈可采用铜损法加热干燥。

（2）干燥后必须检查变压器线圈的绝缘情况，绝缘合格后方可做耐压试验。

4. （1）因为变配电工程只是商务楼工程中的一个子单位（子分部）工程，可先按子单位（子分部）工程进行竣工验收。

（2）竣工资料应在商务楼工程全部验收合格时归档。

5.成本降低率=(计划成本-实际成本)/计划成本×100%

原计划费用：

10+5+15+8+32+90+80+4+30+4+2=280（万元）。

赶工费用：2+2+4.5+4.5=13（万元）。

变压器干燥增加费用3万元。

提前5天奖励25万元。

故赶工后的实际费用为：280+13+3-25=271（万元）。

综上所述，变配电工程的成本降低率=（280-271）/280×100%=3.21%。

【案例十五】

【背景资料】

某安装公司承包一大型制药厂的机电安装工程，工程内容：工艺设备、管道、电气、通风空调安装等。安装公司依据合同和设计要求，编制了施工组织设计、施工方案。施工组织设计内容包括工程概况、施工部署、施工进度计划、施工准备与资源配置计划和施工现场平面布置等。

工程项目按计划实施，工程项目的预算成本为12000万元。安装公司要求项目部编制的项目成本计划中，降低项目的目标成本，目标成本降低率为10%。根据安装公司要求，项目部在编制和实施项目成本计划时，采取的技术组织措施和节约措施等，使项目计划成本降低率达到15%。

项目部在施工各阶段对项目成本进行重点控制，并对成本计划进行分解；优化施工方案，控制施工人员、施工机械、临时设施建设等其他间接费用的支出。编制的成本控制措施有：

（1）人工成本控制：严密劳动组织和严格劳动定额管理。

（2）材料成本控制：加强材料采购成本管理。

（3）施工机械费控制：严格控制租赁施工机械。

（4）其他费用控制：减少管理人员比重、控制各种费用支出。

在不锈钢管道系统安装后，施工人员用洁净水（氯离子含量小于23ppm）对管道系统进行试压时（见图6-8），被监理工程师要求暂停，认为压力试验操作不符合规范要求，要其整改。由于现场条件的限制，还有部分管道系统无法进行水压试验，经过设计和建设单位同意，允许安装公司对部分管道系统的环向、纵向对接焊缝及其他焊缝采用100%无损检测，代替现场水压试验，并由设计单位对管道系统的质量是否合格进行分析。

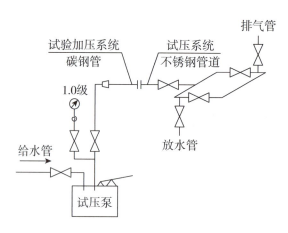

图6-8 管道系统水压试验示意图

在施工中，项目部对施工质量控制策划，通过对工序质量过程进行控制，使不合格项目及时返工达到合格要求，并对改变了外形尺寸但仍能满足安全使用要求的项目和难以确定的质量部位进行检测鉴定，完成工程的竣工验收。

【问题】

1. 编制施工组织设计中的施工准备与资源配置计划包括哪些内容？
2. 安装公司要求的目标成本是多少？项目部编制的计划成本是多少？项目部能否完成公司的目标成本要求？
3. 图6-8中的水压试验有哪些不符合规范规定？写出正确的做法。
4. 背景中的工艺管道系统的焊缝应采用哪几种检测方法？设计单位对工艺管道系统应如何分析？
5. 对改变外形尺寸但仍能满足安全使用要求的项目应按哪些文件进行验收？对难以确定的质量部位应如何进行质量验收？

【答题区】

参考答案

1. 施工组织设计中编制的施工准备包括技术准备，现场准备，资金准备；资源配置计划包括劳动力配置计划，物资配置计划。

2.（1）目标成本降低额=项目预算成本×目标成本降低率=12000×10%=1200（万元）。

目标成本=项目预算成本-目标成本降低额=12000-1200=10800（万元）。

（2）计划成本降低额=项目预算成本×计划成本降低率=12000×15%=1800（万元）。

项目计划成本=项目预算成本-计划成本降低额=12000-1800=10200（万元）。

（3）项目计划成本10200万元＜目标成本10800万元，项目部能完成公司的目标成本要求。

3. 图6-8中的水压试验不符合规范要求之处：压力表只有1块，压力表安装位置错误。

正确做法：压力表不得少于2块，应在加压系统的第一个阀门后（始端）和系统最高点（排气阀处、末端）各装1块压力表。

4. 背景中的工艺管道系统的管道环向对接焊缝应采用射线检测、超声检测，组成件的连接焊缝应采用渗透检测或磁粉检测。设计单位对管道系统进行柔性分析。

5. 对改变外形尺寸但仍能满足安全使用要求的项目可按技术方案和协商文件进行验收。对难以确定的质量部位应由有资质的检测单位进行检测鉴定，其结论可以作为质量验收的依据。

【案例十六】

【背景资料】

某安装公司承包某高层建筑的给排水和建筑电气工程的施工，施工内容包括给排水管道安装、母线槽安装、导管施工、灯具插座安装等。

安装公司进场后，总承包单位对安装公司的施工准备、进场施工、工序交接、竣工验收、工程保修、工程款支付等进行全过程管理。之后制订了工程施工进度计划，为避免施工过程中实际进度与计划进度产生偏差，安排内部协调专员对项目施工进行调度协调。

在工程施工中，曾经发生了如下几个事件：

事件1：母线槽在开箱检查时，主要检查了防潮密封、附件及外壳，有防护等级要求的母线槽检查了产品及附件的防护等级，标识完整。在对低压母线槽通电检查时发现，绝缘电阻值为2MΩ。

事件2：导管安装采用非镀锌材质，在与保护导体进行连接时，采用的做法如图6-9所示。

事件3：电气设备与刚性导管的连接采用柔性导管进行过渡，在动力工程中采用长度为1.0m的柔性导管，导管采用明配方式，使用合理方法进行固定，固定点间距为1.2m。

监理工程师巡视现场时发现，上述施工过程中存在质量问题，要求停工整改。

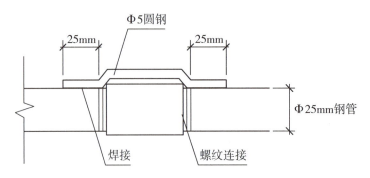

图6-9 导管保护导体连接示意图

【问题】

1.总承包单位对安装公司的全过程管理还应包括哪些内容？

2.内部协调专员在施工过程中，调度协调主要内容有哪些？

3.母线槽开箱检查还需要进行哪些工作？防火型母线槽还应提交哪些材料？母线槽绝缘电阻是否满足要求？说明理由。

4.事件2和事件3中有哪些错误？请改正。

答题区

参考答案

1.总承包单位对安装公司的全过程管理还应包括技术、质量、安全、进度的管理。

2.主要对项目的执行层（包括作业人员）在施工中所需生产资源需求、作业工序安排、计划进度调节等实行即时调度协调。

3.（1）母线槽开箱检查还需要检查：母线螺栓搭接面应平整，镀层覆盖应完整，无起皮和麻面。

（2）防火型母线槽需提供防火等级和燃烧报告。

（3）绝缘电阻值满足要求，低压母线槽绝缘电阻值不应小于0.5MΩ。

4.事件2中：

（1）圆钢直径为5mm错误，熔焊焊接的保护连接导体为圆钢，直径应≥6mm。

（2）搭接长度为25mm错误，搭接长度应为圆钢直径的6倍，应至少为36mm。

事件3中：

（1）动力工程中采用长度为1.0m的柔性导管错误，动力工程中柔性导管的长度不宜大于0.8m。

（2）固定点间距为1.2m错误，明配柔性导管固定点间距不宜大于1m。

【案例十七】

【背景资料】

A公司建设风电场项目装机容量为100MW，设计安装46台单机容量为2.2MW的风力发电机组，负责采购设备并将其运输到现场。单台设备由塔筒（分三段到场）、机舱、发电机、轮毂、叶片等组成，风机机组轮毂中心高度为152m。B公司中标施工总承包所有建筑安装工程，经A公司同意后，将风电场项目每个单机划分为建筑、安装两个单位工程，单机之间的公用工程划分为建筑、安装两个单位工程；与C公司签订了风电场电缆直埋专业分包施工合同。

B公司成立项目部，及时对风力发电设备吊装工艺进行了研究，根据风机塔筒，机组超高、超大、超重。此外，项目地处农田、河道及藕塘区，针对运输道路、作业环境较为复杂的具体情况，对吊装过程辨识出的危险源有：起重机倾倒、机舱吊装就位脱钩作业、螺栓或工具高空坠落等，编制了专项施工方案，并组织专家论证会审议通过。采用ZCC9800W履带起重机主吊，100t汽车起重机作为辅助吊装机械。

项目经理部成立施工现场文明施工管理小组，作为开展文明施工和环境保护的组织保证。建立并健全各专业文明施工管理制度、岗位责任制等。

【问题】

1.履带起重机倾翻危险源风险最大的有害因素有哪些？

2.安装过程中，应使用哪些计量器具来检测设备的水平度、垂直度和塔筒法兰间隙？

3.风电场项目可划分出多少个单位工程？每一个电气装置分部工程应划分出哪些分项工程？

4.B公司在绿色施工中，环境管理体系运行应注重环保哪些方面？

5.项目经理部建立并健全文明施工管理制度还应包括哪些？

答题区

参考答案

1. 履带起重机倾翻危险源风险最大（最可能触发）的有害因素有：吊装机舱的履带起重机接触地面处，地基承载耐力不足；因风力过大或起重机作业工况不足，机舱提升吊装高度平移中，触碰履带起重机臂架。

2. 安装过程，应使用水平仪控制设备水平度，使用经纬仪控制塔筒垂直度，使用塞尺检查塔筒法兰的间隙。

3. 风电场项目可划分出2×46+2=94（个）单位工程；每一个电气装置分部工程应划分出电气设备分项工程和电气线路分项工程。

4. B公司在绿色施工中，环境管理体系运行应注重环保的有：扬尘控制；土壤保护；建筑垃圾控制；地下设施、文物和资源保护。

5. 项目经理部建立并健全文明施工管理制度还应包括检查制度、奖惩制度、会议制度。

【案例十八】

【背景资料】

某电力工程公司项目部承接了一个10kV变配电工程施工项目，10kV变配电工程位于某商务楼的地下二层，工程的主要设备如图6-10所示，变配电设备运行状态通过监控柜实施远程智能监控。

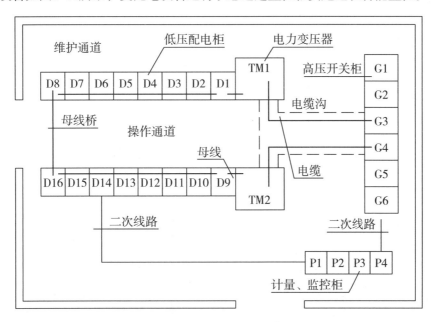

图6-10　10kV变配电设备布置图

项目部依据验收规范和施工图编制了变配电工程的施工方案，设备的二次搬运采用卷扬机及滚杠滑移系统，二次搬运及安装程序是：高压开关柜→变压器→低压配电柜→计量、监控柜。方案中，项目部将开关柜、配电柜基础框架安装的水平度偏差设置为B级质量控制点，三相干式电力变压器等高压电器的交接试验设置为A级质量控制点，保证变配电设备施工质量达到验收规范要求。

进场后，因商务楼的原设计单位变更设计，造成高压开关柜比其他设备晚到现场，项目部改变了设备的二次搬运及安装程序：变压器→低压配电柜→计量、监控柜→高压开关柜。

项目部对施工人员技术交底及时且正确，变配电设备检查、安装、绝缘测试、耐压试验及试运行均合格，变配电系统检测达到远程智能监控要求，工程验收合格。项目部及时整理施工记录等技术资料，将完整的工程竣工档案移交给商务楼项目建设单位。

【问题】

1.分别说明项目部将电力变压器交接试验设置为A级质量控制点和基础框架水平度偏差设置为B级质量控制点的理由。

2.项目部是否可以改变设备二次搬运及安装程序，为什么？

3.远程智能监控的变配电设备应检测哪些参数？

4.本工程的竣工档案内容主要有哪些记录？

答题区

参考答案

1.（1）项目部将电力变压器交接试验设置为A级质量控制点的理由：电力变压器交接试验如果达不到规范要求，将影响变配电设备的安全运行和正常送电等使用功能。

（2）项目部将基础框架水平度偏差设置为B级质量控制点的理由：基础框架水平度偏差超过规范规定，会影响下道工序质量，即影响柜体安装质量。

2.项目部改变设备二次搬运及安装程序可以，因为双列布置的低压配电柜操作通道宽度按规范要求，都在2m以上，大于高压柜的宽度，所以高压开关柜可以从低压配电柜操作通道进入安装位置。

3.远程智能监控的变配电设备应检测：高、低压开关柜的运行状况和故障报警信号，电源及供电回路的电流、电压值显示，功率因素测量信号，电能计量信号，变压器超温报警信号。

4.本工程的竣工档案内容主要有一般施工记录、图纸变更记录、设备产品及物资质量证明检查安装记录、预检复检复测记录、各种施工记录、施工试验检测记录、质量事故处理记录、施工质量验收记录、其他需要向建设单位移交的有关文件和实物照片及音像光盘等。

【案例十九】

【背景资料】

某机电安装公司,通过竞标承担了某化工厂的设备、管道安装工程。该工程地处北方沿海地区,按照施工合同应该7月初开始进行安装,但前期由于工程招标、征地、设备采购等原因,致使安装工程到9月底才开工。为了兑现投标承诺,该公司通过质量策划,编制了施工组织设计和相应的施工方案,并建立了现场质量保证体系,制定了检验试验卡,要求严格执行三检制。工程进入后期,为赶工期,采用加班加点办法加快管道施工进度,由此也造成了质量与进度的矛盾。

质量检查员在检查管排的施工质量时,发现Φ89不锈钢管焊接变形过大,整条管道形成折线状,不得不拆除重新组对焊接,造成直接经济损失5600元。

该工程某车间内的管道材质包括20钢、15CrMo、16Mn等,班组领料时材料员按照材料计划进行发料,并在管端进行了涂色标记,但由于施工班组管理不善,在使用时还是发生了混料现象,不得不重新进行检验。

该工程进行压力管道施工时,有一种国外进口材料,施工单位此前从没有使用过,由于工期较紧,项目部抽调2名技术较好的焊工进行相应练习后,就进行管道施焊。

【问题】

1.三检制的自检、互检和专检的责任范围应如何界定?不锈钢管道焊接发生质量问题是由哪个检验环节失控造成的?

2.质量预控方案一般包括哪些内容?针对该工程提出一项质量预控方案。

3.本工程中材料混料问题出在哪个环节?为什么?

4.压力管道施工中项目部的做法是否正确?应如何进行?

答题区

参考答案

1. 一般情况下，原材料、半成品和成品的检验以专职检验人员为主，生产过程的各项作业的检验则以施工现场操作人员的自检、互检为主，专职检验人员巡回抽检为辅。不锈钢管道焊接发生质量问题是由于自检和互检这两个环节上的失控造成的。

2. 质量预控方案一般包括工序名称、可能出现的质量问题和提出质量预控措施三部分内容。该工程的焊接质量预控方案：

（1）工序名称：室外管道焊接。

（2）可能出现的质量问题：由于人员技能水平、设备能力、施工方法造成的夹渣、未焊透缺陷；由于沿海地区冬期施工，室外焊接气温较低、有风影响，容易出现气孔、裂纹等缺陷，影响管道的焊接质量。

（3）质量预控措施：

①选择有相应合格项目和焊接经验的焊工施焊。

②控制管道打磨及坡口加工、管道组对质量，按焊接工艺评定和工艺卡施焊，合理安排施工次序。

③选择合适的焊接设备。

④对焊条按规定进行烘干，控制氩气纯度。

⑤焊接施工前应采取搭设保护棚等防风措施。

⑥采取管口预热、层间二次预热、缩短焊接工序间隔时间及焊后及时进行保温缓冷等措施，控制低温影响。

3. 本工程中材料混料的问题出在材料标识上。第一，材料员标识方法不正确，没有采取逐根通长的色标标识，留下了混料的隐患；第二，施工班组在下料使用时没有进行有效的标识移植，标识保护管理不当。

4. 压力管道施工中项目部的做法不正确，明显违反了规范要求。首先，项目部应进行该材料的焊接工艺评定，确定焊接方法及技术参数，试件经试验合格后方可用于工程；然后，项目部应组织焊工到具有该项考试资格的考试机构进行焊工考试，取得该项合格证后，方可进行焊接作业。

【案例二十】

【背景资料】

安装公司中标北方某市建筑面积9800m²新建大型商场建筑机电安装工程（PC模式），该地区冬季寒冷，冻土层厚度1.5m。工程内容包括：建筑消防工程、建筑电气工程、建筑智能化工程等。为充分利用资源，屋顶建设1800kW分布式光伏电站，光伏发电全部并入国网电力公司输电线路，并把光伏电站的安装纳入安装公司的施工范围。

开工前安装公司对工程项目进行了质量策划，对工程中与结构安全、使用功能产生重要影响的关键过程、特殊过程及其检验试验等进行了确认。

工程所用材料由安装公司采购，采购部门对采购工作进行详细策划后，制订采购计划和询价计划，及时组织合格材料供应商进行招标，签订采购合同。

屋顶光伏电站主要由光伏支架、组件、汇流箱、逆变器、电气设备等组成，在电站安装前安装公司与国网公司提出并网申请，办理相关入网手续，设备及系统进行了光伏组件串测试、逆变器调试等，验收合格后按时并网发电。

施工质量验收时分别通过施工单位自检、分项、分部、单位工程验收，隐蔽工程验收，工程专项验收；其中专项验收在分层质量验收合格的基础上，在工程总体验收前进行。

室外接地装置按图6-11设置，人工接地体与商场基础的水平距离为0.8m，在工程隐蔽验收时被监理工程师要求整改。

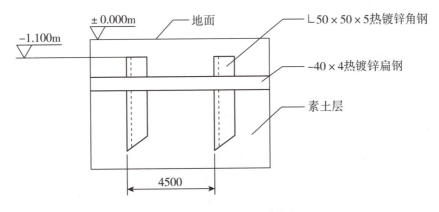

图6-11 接地装置断面图

地下车库为独立的防排烟系统，防排烟风机安装在混凝土基础上，为防止风机运转时产生振动，使用橡胶垫减振，防排烟风机与风管采用不燃材料制作的柔性短管连接。

【问题】

1.质量策划主要项目中特殊过程确认的关键是什么？

2.材料采购合同的履行环节包括哪些内容？

3.补全光伏设备及系统调试内容。

4.施工质量验收中工程专项验收包括哪些内容？

5.监理工程师要求接地装置整改的原因是什么？说明正确做法。

6.防排烟风机减振方式、风机与风管连接形式是否正确？分别说明理由。

答题区

参考答案

1.质量策划主要项目中特殊过程确认的关键是确保风险预防和风险控制。

2.材料采购合同的履行环节包括产品的交付、交货检验的依据、产品数量的验收、产品的质量检验、采购合同的变更等。

3.光伏设备及系统调试内容还包括跟踪系统调试、通信调试、升压变电系统调试等电气设备调试。

4.工程专项验收包括消防验收、环境保护验收、工程档案验收、建筑防雷验收、建筑节能专项验收、安全验收和规划验收等。

5. 监理工程师要求接地装置整改的原因：

（1）接地装置顶面埋设在冻土层以上。

（2）接地极间距小于5m。

（3）人工接地体与商场基础之间的水平距离小于1m。

接地装置敷设的要求：

（1）接地装置顶面埋设深度不应小于0.6m，且应在冻土层以下。

（2）圆钢、角钢、铜管、铜棒、铜排等接地极应垂直埋入地下，间距不应小于5m。

（3）人工接地体与建筑物的外墙或基础之间的水平距离不宜小于1m。

6.（1）防排烟风机减振方式不正确。理由：防排烟风机应设在混凝土或钢架基础上，且不应设置减振装置。

（2）风机与风管连接形式不正确。理由：防排烟风机与风管的连接宜采用法兰连接，当风机仅用于防、排烟时，不宜采用柔性连接；若防、排烟与排风或补风系统兼用时，风机与风管应采用不燃材料的柔性短管连接。

【案例二十一】

【背景资料】

A总承包单位将一大型写字楼的通风空调工程分包给B安装单位，工程内容包括风系统、水系统和冷热（媒）系统。该工程的风冷式热泵机组、水泵、吸顶式新风空调机组、风机盘管和排风机等设备均由业主采购，电气系统由A单位施工。

通风空调设备安装完工后，在A单位的配合下，B单位对通风空调的风系统、水系统和冷热（媒）系统进行了系统调试。调试人员在风机盘管、新风机和排风机单机试车合格后，用热球风速仪对各风口进行测定与调整及其他内容的调试。系统调试在防排烟系统的风量与正压、空调系统的室内气流速度等全部考核数据达到设计要求后，通风空调工程在夏季做了带冷源的试运行，并通过竣工验收。

写字楼投用后，在建设单位的组织下，通风空调工程进行了带负荷的综合效能试验与调整。

进入冬季后B单位及时进行回访，对通风空调工程进行季节性测试调整，发现个别办公室风口的新风量只有58m³/（h·p）[设计要求是80m³/（h·p）]，经重新调整测试，达到了设计要求。另有个别办公室的风机盘管噪声达到48dB（设计要求是40dB），经检查，是风机盘管轴心偏移，通过设备生产厂家调换设备，噪声达到要求。

【问题】

1. 水系统阀门安装前检查有何要求？

2. 系统调试还应主要考核哪些参数？

3. 通风空调在冬季测试时发生质量问题的原因是什么？如何处理？

4. 维修风机盘管和风量调整各发生了哪些主要费用？应由谁承担？

答题区

参考答案

1.水系统阀门安装前检查的要求:

(1)阀门安装前应进行外观检查,工作压力大于1.0MPa及在主干管上起到切断作用和系统冷、热水运行转换调节功能的阀门和止回阀,应进行壳体强度和阀瓣密封性能的试验,且试验合格。

(2)强度试验压力应为常温条件下公称压力的1.5倍,持续时间不应少于5min,阀门的壳体、填料应无渗漏。严密性试验压力应为公称压力的1.1倍,在试验持续的时间内应保持压力不变。

2.系统调试除考核防排烟系统的风量和正压、气流速度以外,还应考核室内的空气温度、相对湿度、噪声、空气洁净度能否达到设计要求,是否满足生产工艺或建筑环境的要求。

3.(1)风量没有达到设计要求,属于施工质量问题,应返修处理或重新调试。

(2)风机盘管噪声大,属于产品质量问题,应返工处理或更换处理。

4.(1)维修风机盘管主要发生的费用有调换风机盘管的设备费、拆装及调试的人工费,费用应由建设单位或设备生产厂家承担。

(2)风量调整主要发生的人工费,应由安装单位承担。

【案例二十二】

【背景资料】

A单位中标北方城市某高档写字楼项目，建筑面积为26万m^2，施工内容包括通风与空调、建筑给水排水、建筑电气和智能建筑工程；与建设单位签订了机电供应与安装的专业承包合同，采用固定总价合同，签约合同价6000万元（含暂列金额200万元），合同约定：工程的主要设备由业主指定品牌，施工单位组织采购，预付款20%；工程总造价的3%作为质量保修金。

该办公楼空调采用风机盘管加新风系统，空调水为二管制系统；大堂设置地板辐射暖系统，埋地管材采用PE-RT耐热增强聚乙烯管；网络服务机房采用开放式网格桥架，机房制冷散热系统设置德国原装进口的恒温恒湿空调机组。机电工程施工工期为2年，写字楼工程完工时间为2019年12月28日，该楼供暖系统平稳可靠运行。

工程竣工后，A单位组织竣工预验收，验收人员在检查中发现以下几个问题：

（1）空调系统中风机盘管的安装如图6-12所示。

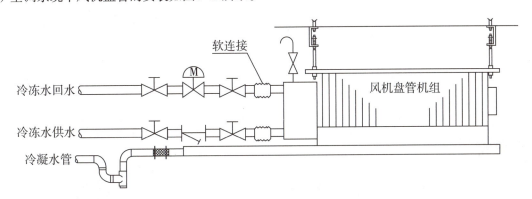

图6-12 风机盘管安装示意图

（2）写字楼工程未进行带冷源的系统联合调试。

（3）竣工资料中进口的恒温恒湿机组的产品说明书没有中文标识。

（4）竣工资料中，办公楼大堂的地板辐射供暖系统的PE-RT管道仅有一次压力试验的记录。

工程竣工结算时，经审核预付款已全部抵扣完成，暂列金额未使用，设计变更增加费用80万元。

【问题】

1.空调系统风机盘管安装前应做何种测试？请说明图中风机盘管软连接的施工技术要求。

2.写字楼工程未进行带冷源的系统联合调试，是否可以进行竣工验收？

3.竣工资料中进口恒温恒湿空调机组的产品说明书没有中文标识，是否符合要求？应如何处理？

4.大堂地板辐射供暖系统的PE-RT管道仅有一次压力试验记录，是否符合要求？说明理由。

5.计算本工程质量保修金的金额。

答题区

参考答案

1.风机盘管机组安装前宜进行风机三速试运转及盘管水压试验，试验压力应为系统工作压力的1.5倍，试验观察时间应为2min，不渗漏为合格。

风机盘管机组与管道的软连接，应采用耐压值大于或等于1.5倍工作压力的金属或非金属柔性接管，连接应牢固，不应有强扭和瘪管。

2.可以进行竣工验收。理由：写字楼工程竣工时间是12月28日，正值北方地区冬季，工程只适合做带热源的联合试运转，具备竣工验收条件，并在工程竣工验收报告中注明系统未进行带冷源的试运转，待第一个制冷期补做。

3.不符合要求。理由：进口材料与设备应提供有效的商检合格证明、中文质量证明等文件，故竣工资料中进口恒温恒湿空调机组的产品说明书没有中文标识不符合要求，应要求A单位与设备供应商联系，获得中文说明书，以便移交业主，保证物业今后的运行。

4.不符合要求。理由：大堂的地板辐射供暖系统的PE-RT管道只提供了一次压力试验的记录，不符合塑料埋地管道技术规范的要求。供暖系统采用地板辐射供暖方式时，埋地的塑料管必须进行二次试压。第一次试压是在埋地管安装完成后，土建垫层施工前进行。第二次试压是在土建完成垫层施工后进行，确保埋地管道不渗不漏，并做好记录。

5.工程质量保修金为工程结算总价的3%。

工程结算总价=合同价款+施工过程中合同价款调整数额=(6000-200)+80=5880(万元)。

工程质量保修金=5880×3%=176.4(万元)。

【案例二十三】

【背景资料】

A公司承建某园区1号、2号、3号规模相同的单层钢结构厂房建筑、安装工程,钢结构厂房轴线长度120m,跨度36m,高度12m,每栋厂房间距30m。厂房基础和配套建筑工程分包给具备相应施工资质的B公司施工,钢柱基础为钢筋混凝土独立基础,基础内预埋地脚螺栓固定钢柱柱底板,钢柱为H型钢结构,厂房长度方向柱间距7.5m,钢架连接采用高强度大六角头螺栓连接,厂房纵向设有型钢纵向水平支撑,屋面承重结构采用H型钢焊接方式。

A公司根据"危险性较大的分部分项工程安全管理规定"的要求编制了"钢结构工程施工安全专项方案"并组织召开专家论证会对专项施工方案进行论证。专项方案主要内容包括工程概况、编制依据、施工计划、施工工艺技术、施工安全保证措施、施工管理及作业人员配备和分工、验收要求、应急处置措施、计算书及相关图纸九个方面内容。

1号厂房钢柱基础完成施工后,A公司自行对基础验收后,即组织汽车起重机和经过安全教育培训且考试合格、已经进行安全技术交底的安装工开始进行钢柱安装,被监理工程师制止施工。

钢架高强度螺栓连接时,发现多处螺栓孔位置出现偏差,螺栓不能自由穿入,需要扩孔处理,施工单位采用铰刀修整螺栓孔,钢架安装顺利完成。

钢柱就位后,用缆风绳和埋入式地锚临时固定,待形成稳定的刚性单元后,方可拆除缆风绳,钢柱临时固定如图6-13所示。

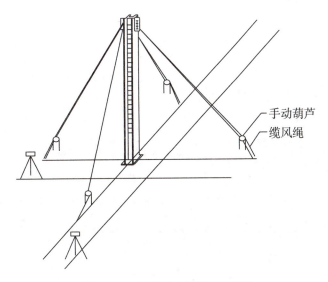

图6-13 钢柱临时固定示意图

【问题】

1.危险性较大的分部分项工程专项施工方案中施工工艺技术应包括哪些内容?

2.1号厂房钢柱基础完成施工后,A公司被监理工程师制止施工的原因是什么?

3.写出钢结构安装的一般程序。

4.高强度螺栓扩孔方式是否正确?扩孔数量应征得哪家单位的同意?

5.埋入式地锚的设置和使用要求有哪些?

6.钢结构厂房工程的验收应由哪个单位组织?应由哪些人员参加验收?

答题区

参考答案

1.危险性较大的分部分项工程专项施工方案中施工工艺技术包括技术参数、工艺流程、施工方法、操作要求、检查要求等。

2.钢结构安装前,建设(监理)单位组织基础施工单位(B公司)和钢结构施工单位(A公司)进行基础交接验收,验收合格后方可交付安装,基础施工后未按规定进行基础验收,所以被监理工程师制止施工。

3.钢结构安装的一般程序:钢柱安装→支撑安装→梁安装→平台板(层板、屋面板)、钢梯、防护栏安装→其他构件安装。

4.高强度螺栓扩孔方式正确。扩孔数量应征得设计单位同意。

5.埋入式地锚的设置和使用要求：

（1）地锚结构形式应根据受力条件和施工地区的地质条件设计及选用。地锚的制作和设置应按吊装专项施工方案的规定计算校核。

（2）埋入式地锚基坑的前方，缆风绳受力方向坑深2.5倍的范围内不应有地沟、线缆、地下管道等。

（3）埋入式地锚在回填时，应用净土分层夯实或压实，回填的高度应高于基坑周围地面400mm以上，且不得浸水。地锚设置完成后应做好隐蔽工程记录。

（4）埋入式地锚设置完成后，受力绳扣应进行预拉紧。

6.钢结构厂房工程的验收应由建设单位组织，参加验收人员由生产使用单位、勘察设计单位、工程监理单位、施工总承包单位的技术人员及专家组成。项目验收还应有环保、消防等有关部门的专家参加。

【案例二十四】

【背景资料】

某办公楼机电安装工程，由业主通过公开招标后，确定由具有机电安装工程总承包一级资质的A单位进行总承包施工，工程内容包括给水排水、电气、空调、消防等系统。

同时业主将制冷站的空调系统所用的地源热泵机组及配套管道等分包给具有专业施工资质和压力管道安装许可资质的B单位负责施工。

业主与A单位签订的施工合同中明确规定A单位为总承包单位，B单位为分包单位。

工程水泵、配电柜和空调机组等设备均由业主提供，其中地源热泵机组是业主第一次采用的新产品。工程于2014年7月开工，2016年4月竣工验收。

2016年12月，低压配电柜出现问题，经检查排除了施工质量问题，业主要求A单位进行维修，A单位立即派人维修，并以设备为业主提供为由，要求业主支付维修费用。

2017年6月，业主发现制冷系统运行效果不佳，经检查是由于设计负荷偏小造成的，业主要求A单位进行整改，A单位派人维修，但要求业主承担整改费用。

2016年12月，B单位被改制合并。2017年7月，业主发现制冷站内制冷管道多处漏水，影响制冷系统运行，要求A单位派人维修，A单位以B单位已改制合并找不到人为由，拒绝业主要求。

2018年8月，业主为提高建筑消防设施的安全性能，根据竣工验收后新颁布实行的《通风与空调工程施工质量验收规范》和《建筑防烟排烟系统技术标准》，对屋面排烟风机的安装（见图6-14）进行更新改造，主要是对排烟风机的减振和软连接安装的更新。A单位应业主要求完成了施工改造，并提交了改造费用报价单。

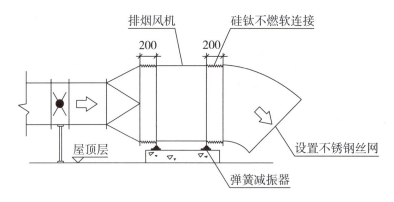

图6-14 屋面排烟风机安装示意图

【问题】

1.低压配电柜出现问题，A单位做法是否正确？说明理由。

2.制冷系统出现问题，A单位做法是否正确？说明理由。

3.制冷管道多处漏水，A单位做法是否正确？说明理由。

4.根据题述的两个规范，屋面排烟风机的减振和软连接应如何改造？改造费用应如何处理？

5.针对该工程，总承包单位主要应进行什么方式的工程回访？主要了解哪些内容？

答题区

参考答案

1.（1）低压配电柜出现问题，A单位的做法正确。

（2）本工程尚在保修期内，因此施工单位应对出现问题的低压配电柜检查维修。另外，由于本工程低压配电柜出现的问题是由于建设单位提供的低压配电柜质量不良造成的，因此应由业主承担修理费用。

2.（1）制冷系统出现问题，A单位做法正确。

（2）根据工程质量保修的规定，由于设计造成的质量缺陷，应由设计单位承担经济责任。当由A单位修理时，费用由业主承担，业主可按合同约定向设计方索赔。

3.（1）制冷管道多处漏水，A单位做法不正确。

（2）按照《建设工程质量管理条例》对建设工程质量保修制度的规定和发包单位与承包单位的合同约定，因为总承包单位是与业主签订的合同，总承包单位应对分包单位及分包单位工程施工进行全过程的管理，分包单位的安装质量问题，总承包单位承担连带责任。A单位不能以B单位改制找不到人为由拒绝维修。

4.防排烟系统作为独立系统时，风机与风管应采用直接连接，不应加设柔性短管。只有在排烟与排风共用风管系统，或其他特殊情况时应加设柔性短管。

故屋面排烟风机的改造方案为：拆除弹簧减振器，将排烟风机直接固定在混凝土基础上；拆除排烟机与风管连接的200mm硅钛不燃软连接，将风机与风管直接连接。

由于屋面排烟风机的更新改造为合同外新增施工内容，不属于保修工作范围，故改造工程应签订单独的合同，改造的全部费用由业主支付。

5.按照工程回访的主要方式，该工程可安排如下回访：

（1）季节性回访：夏季对通风空调制冷系统运行情况进行回访，发现问题应采取有效措施，及时加以解决。

（2）技术性回访：对地源热泵机组新产品设备进行回访，主要了解该设备在工程施工过程中的技术性能和使用后的效果，发现问题及时补救和解决，同时也便于总结经验，不断改进完善，以利于推广应用。

（3）保修期满前的回访。

第三部分 触类旁通

一、时间汇总

时间	内容
2h	预热：预热温度为200~450℃。若焊后能及时变热，可适当降低预热温度。例如，18MnMoNb钢焊后，立即进行180℃热处理2h，预热温度可降低至180℃
2h	钢制管道热态紧固或冷态紧固应在达到工作温度2h后进行
2h	空调水系统管路冲洗、排污合格的条件是目测排出口的水色和透明度与入口的水对比应相近，且无可见杂物。当系统继续运行2h以上，水质保持稳定后，方可与设备相贯通
1h、2h、3h	①压缩机空负荷试运行，应检查盘车装置处于压缩机启动所要求的位置；点动压缩机，在检查各部位无异常现象后，依次运转5min、30min、2h以上，运转中润滑油压不得小于0.1MPa，曲轴箱或机身内润滑油的温度不应高于70℃，各运动部件无异常声响，各紧固件无松动。 ②压缩机空负荷试运行，升压运转的程序、压力和运转时间应符合随机技术文件的规定，文件无规定，在排气压力为额定压力的1/4时应连续运转1h；排气压力为额定压力的1/2、3/4时应连续运转2h；在额定压力下连续运转不应少于3h
2~6h	消氢处理的温度一般为300~350℃，保温2~6h后冷却
4h	室外空气温度，工作地点和砌体周围的温度，加热材料在暖棚内的温度，不定形耐火材料在搅拌、施工和养护时的温度，应每隔4h测量一次
4~24h	安全阀经最终调整后，整体出厂的锅炉应带负荷正常连续试运行4~24h，并做好试运行记录
5h、12h	电力变压器新装注油以后，大容量变压器必须经过静置12h才能进行耐压试验；10kV以下小容量的变压器，一般静置5h以上才能进行耐压试验
8h	耐火型母线槽，满负荷运行时间可达8h以上
8h	油清洗应采用循环的方式进行。每8h应在40~70℃内反复升降油温2~3次，并及时清洗或更换滤芯
8h	电梯安装后应进行运行试验：轿厢分别在空载、额定载荷工况下，按电梯设计规定的每小时启动次数和负载持续率各运行1000次（每天不少于8h）
12h	锅炉蒸汽吹管：吹洗过程中，至少有一次停炉冷却（时间12h以上），以提高吹洗效果
12~24h	高效过滤器安装前，洁净室的内装修工程必须全部完成，系统中末端过滤器前的所有空气过滤器应安装完毕，且经全面清扫、擦拭，空吹12~24h
12h、24h	净化空调系统的检测和调整，应在系统正常运行24h及以上，达到稳定后进行。 传染病医院净化空调系统应连续运行不少于12h，达到稳定后进行环境指标检测，环境指标检测应在静态下进行
24h	配电装置送电运行验收：空载运行24h，无异常现象，办理验收手续，交建设单位使用
24h	变压器送电试运行：变压器空载运行24h，无异常情况，方可投入负荷运行
24h	管道真空度试验：真空系统在压力试验合格后，还应按设计文件规定进行24h的真空度试验
1h、24h	①高强度螺栓的拧紧宜在24h内完成。 ②高强度大六角头螺栓连接副终拧扭矩检查：宜在螺栓终拧1h后、24h之前完成检查
24h	凝汽器灌水高度宜在汽封注窝以下100mm，维持24h应无渗漏

续表

时间	内容
24h	纤维增强塑料衬里施工： ①手工糊制：封底层和修补层自然固化时间不宜少于24h。 ②间断法：上一层固化24h后，应修整表面，再铺衬以下各层
24h	敞口箱满水试验静置24h观察，不渗不漏；密闭箱、罐水压试验在试验压力下10min内压力不降，不渗不漏
24h	热熔连接管道水压试验应在连接完成24h后进行
48h	隐蔽工程应在隐蔽前48h以书面形式通知建设单位（监理单位）或工程质量监督、检验单位进行验收
168h	对于300MW级及以上的机组，锅炉应连续完成168h满负荷试运行

二、电阻汇总

电阻分类	具体内容
绝缘电阻	用2500V摇表测量各相高压绕组对外壳的绝缘电阻值，用500V摇表测量低压各相绕组对外壳的绝缘电阻值。测量完后，将高、低压绕组进行放电处理。吸收比是通过计算得出的，测量绝缘电阻时，摇表摇15s和60s时，阻值有差异，此时的比值就是吸收比
	电动机干燥标准： ①1kV及以下电动机使用500～1000V摇表，绝缘电阻值不应低于1MΩ/kV。 ②1kV以上电动机使用2500V摇表，定子绕组绝缘电阻不应低于1MΩ/kV，转子绕组绝缘电阻不应低于0.5MΩ/kV，并做吸收比（R60/R15）试验，吸收比不小于1.3
	电动机试运行前检查：用500V兆欧表测量电动机绕组的绝缘电阻。对于380V的异步电动机应不低于0.5MΩ
	悬式绝缘子和支柱绝缘子的绝缘电阻测量： ①每片悬式绝缘子的绝缘电阻值，不应低于300MΩ。 ②35kV及以下的支柱绝缘子的绝缘电阻值，不应低于500MΩ。 ③采用2500V兆欧表测量绝缘子的绝缘电阻值，可按同批产品数量的10%抽查
	1kV及以上的电缆可用2500V兆欧表测量其绝缘电阻
	仪表电缆电线敷设前，应进行外观检查和导通检查，并应用兆欧表测量绝缘电阻，其绝缘电阻值不应小于5MΩ
	仪表电源设备的带电部分与金属外壳之间的绝缘电阻，当采用500V兆欧表测量时，不应小于5MΩ
	用1kV兆欧表测量每段母线槽的绝缘电阻，绝缘电阻值不得小于20MΩ
	母线槽通电前，母线绝缘电阻测试和交流工频耐压试验应合格，母线槽绝缘电阻值不应小于0.5MΩ
	灯具的绝缘电阻值不应小于2MΩ
	动力和电气安全装置的导体之间和导体对地之间的绝缘电阻不得小于0.5MΩ
	导线之间和导线对地之间的绝缘电阻应大于1000Ω/V，动力电路和电气安全装置电路不得小于0.5MΩ，其他电路（控制、照明、信号等）不得小于0.25MΩ
接地电阻	直埋电缆一般使用铠装电缆，铠装电缆的金属外皮两端要可靠接地，接地电阻不得大于10Ω
	电梯机房的电源中性线和接地线应分开，接地装置的接地电阻值不应大于4Ω
接触电阻	母线槽连接的接触电阻应小于0.1Ω
	当金属导管连接处的接触电阻值符合国家现行标准要求时，连接处可不设置保护连接导体，但导管不应作为保护导体的接续导体

三、偏差汇总

偏差	具体内容
0.1‰、0.2‰	整体安装的泵的纵向水平偏差不应大于0.1‰，横向水平偏差不应大于0.2‰
1.5‰	母线槽直线段安装应平直，配电母线槽水平度与垂直度偏差不宜大于1.5‰，全长最大偏差不宜大于20mm；照明母线槽水平偏差全长不应大于5mm，垂直偏差不应大于10mm。母线应与外壳同心，允许偏差应为5mm
1.5‰	照明配电箱安装要求：箱体应安装牢固、位置正确、部件齐全，安装高度应符合设计要求，垂直度允许偏差不应大于1.5‰
2‰	①冷却塔安装时，基础的位置、标高应符合设计要求，进风侧距建筑物应大于1m。 ②冷却塔安装应水平，单台冷却塔的水平度和垂直度允许偏差应为2‰。多台冷却塔安装时，排列应整齐，各台开式冷却塔的水面高度应一致，高度偏差值不应大于30mm
±1%、±0.5%	检查所有分接的电压比： ①电压等级在35kV以下，电压比小于3的变压器电压比允许偏差应为±1%。 ②其他变压器额定分接下，电压比允许偏差不应超过±0.5%。 ③其他分接的电压比应在变压器阻抗电压值（%）的1/10以内，且允许偏差应为±1%
2%、±5%	自动扶梯、自动人行道的性能试验，在额定频率和额定电压下，梯级、踏板或胶带沿运行方向空载时的速度与额定速度之间的允许偏差为±5%；扶手带的运行速度相对梯级、踏板或胶带的速度允许偏差为0～+2%
±5%	电动机安装前检查：空气间隙的不均匀度应符合该产品的技术规定。当无规定时，各点空气间隙和平均空气间隙之差值与平均空气间隙之比宜为±5%
±5%	高强度大六角头螺栓连接副施拧可采用扭矩法或转角法，施工用的扭矩扳手使用前应进行校正，其扭矩相对误差不得大于±5%
±5%、±10%	仪表试验的电源电压应稳定。交流电源及60V以上的直流电源电压波动范围应为±10%，60V以下的直流电源电压波动范围应为±5%
0.5mm	矫正后钢材表面无明显凹面或损伤，划痕深度小于0.5mm，且不应大于该钢材厚度允许负偏差的1/2
1mm、0.20mm/m	汽缸和轴承座中分面的标高允许偏差为1mm，与轴承座的横向水平允许偏差为0.20mm/m，纵向水平与转子扬度匹配
1‰、1mm	洁净层流罩安装的水平度偏差应为1‰，高度允许偏差应为1mm
1.5mm	检查汇流箱部件应完好且接线不松动，所有开关和熔断器处于断开状态，汇流箱安装位置符合设计要求，垂直度偏差应小于1.5mm
2mm	分段到货塔器验收：裙座底板上的地脚螺栓孔中心圆直径允许偏差、相邻两孔弦长允许偏差和任意两孔弦长允许偏差均为2mm
2mm	制冷设备基（机）座下减振器的安装位置应与设备重心相匹配，各个减振器的压缩量应均匀一致，且偏差不应大于2mm
2mm/m	浮筒液位计的安装应使浮筒呈垂直状态，垂直度允许偏差为2mm/m，浮筒中心应处于正常操作液位或分界液位的高度
120mm	玻璃钢风管法兰螺栓孔的间距不得大于120mm。矩形风管法兰的四角处，应设有螺孔。法兰与风管的连接应牢固，内角交界处应采用圆弧过渡
1.5‰、2mm、5mm	调整完配电柜，垂直度允许偏差不应大于1.5‰，相互间接缝不应大于2mm，成列盘面偏差不应大于5mm
3mm、35mm	电梯层门与轿厢门地坎之间水平距离偏差为0～+3mm，最大距离不应超过35mm

续表

偏差	具体内容
5mm、10mm、15mm	某660MW机组锅炉钢架的柱脚纵横中心线与基础面板纵横中心线允许误差不大于±5mm，立柱全高的垂直度允许误差为柱长度的1/1000，最大不大于15mm，各立柱中心距偏差不大于间距的1/1000，最大不大于10mm，对角线差不大于1.5/1000且对角线长度不大于15mm
20mm	桅杆组装的直线度应小于其长度的1/1000，且总偏差不应超过20mm
20mm、30mm	双杆基坑根开的中心偏差不应超过30mm，两杆坑深度偏差不应大于20mm
0.5°	螺旋水冷壁安装螺旋角偏差控制在0.5°之内
1°	节流件的端面应垂直于管道轴线，其允许偏差应为1°，节流件应与管件或夹持件同轴，其轴线与上、下游管道轴线之间的误差应符合规范规定
1/3	校准和试验用的标准仪器仪表应具备有效的计量检定合格证明，其基本误差的绝对值不宜超过被校准仪表基本误差绝对值的1/3

四、坡度汇总

坡度	具体要求
0.1%	在直线距离超过100m、排管转弯和分支处都要设置排管电缆井；排管通向井坑应有不小于0.1%的坡度，以便管内的水流入井坑内
2‰、3‰、5‰、1%	管道安装坡度，当设计未注明时，汽、水同向流动的热水供暖管道和汽、水同向流动的蒸汽管道及凝结水管道，坡度应为3‰，不得小于2‰；汽、水逆向流动的热水供暖管道和汽、水逆向流动的蒸汽管道，坡度不应小于5‰；散热器支管的坡度应为1%，坡向应利于排气和泄水
8‰、1%	冷凝水排水管的坡度应符合设计要求。当设计无要求时，干管坡度宜大于或等于8‰，支管坡度宜大于或等于1%，且应坡向出水口
1.0%~1.5%	装有气体继电器的变压器，除制造厂规定不需要设置安装坡度外，应使变压器顶盖沿气体继电器的气流方向有1.0%~1.5%的升高坡度
2‰~5‰	自动喷水灭火系统的管道横向安装宜设2‰~5‰的坡度，且应坡向排水管；当局部区域难以利用排水管将水排净时，应采取相应的排水措施
45°	保护区内取土规定：取土坡度一般不得大于45°。特殊情况由县级以上地方电力主管部门另行规定
无坡或倒坡	排水管道的坡度必须符合设计要求，严禁无坡或倒坡
坡度比较	室内生活污水管道应按铸铁管、塑料管等不同材质及管径设置排水坡度，铸铁管的坡度应高于塑料管的坡度
坡度比较	方形补偿器应水平安装，并与管道的坡度一致；如其臂长方向垂直安装必须设排气及泄水装置

五、抽检汇总

抽检内容	比例（或数量）	具体内容
风机盘管	2%、2	风机盘管机组进场施工前，要对供冷量、供热量、风量、水阻力、功率及噪声等节能性能参数进行复验，检验方法为随机抽样送检，核查复验报告。同一厂家的风机盘管机组按数量复验2%，不得少于2台；复验合格后再进行安装
扭矩误差	±5%	高强度大六角头螺栓连接副施拧可采用扭矩法或转角法，施工用的扭矩扳手使用前应进行校正，其扭矩相对误差不得大于±5%

续表

抽检内容	比例（或数量）	具体内容
灯具固定	5%、1	灯具固定应牢固可靠，在砌体和混凝土结构上严禁使用木楔、尼龙塞或塑料塞固定；检查时按每检验批的灯具数量抽查5%，且不得少于1套
有线电视及卫星电视	5%、2、2~3、20	①有线电视及卫星电视接收系统主观评价和客观测试的测试点规定：①系统的输出端口数量小于1000时，测试点不得少于2个；系统的输出端口数量大于1000时，每1000点应选取2~3个测试点。 ②混合光纤同轴电缆网（HFC）或同轴传输的双向数字电视系统，主观评价的测试点数应符合以上规定，客观测试点的数量不应少于系统输出端口数量的5%，测试点数不应少于20个。 ③测试点应至少有一个位于系统中主干线的最后一个分配放大器之后的点
绝缘电阻	10%	采用2500V兆欧表测量绝缘子的绝缘电阻值，可按同批产品数量的10%抽查
螺栓丝扣外露	10%	高强度螺栓连接副终拧后，螺栓丝扣外露应为2~3扣，其中允许有10%的螺栓丝扣外露1扣或4扣
建筑阀门抽检	10%、1、全部	阀门安装前，应做强度和严密性试验。试验应在每批（同牌号、同型号、同规格）数量中抽查10%，且不少于1个。对于安装在主干管上起切断作用的闭路阀门，应逐个做强度和严密性试验
照明回路	10%、10	公共照明控制系统调试检测：按照明回路总数的10%抽检，数量不应少于10路，总数少于10路时应全部检测
终拧扭矩检查	10%、10（节点）10%、2（螺栓）	高强度大六角头螺栓连接副终拧扭矩检查：宜在螺栓终拧1h后、24h之前完成检查。检查方法采用扭矩法或转角法，与施工方法相同。检查数量为节点数的10%，但不应少于10个节点，每个被抽查节点按螺栓数抽查10%，且不应少于2个
安防设备	20%、3	摄像机、探测器、出入口识读设备、电子巡查信息识读器等设备抽检的数量不应低于20%，且不应少于3台，数量少于3台时应全部检测
超声波测厚/探伤	20%、100%、2、1	①球壳板应进行超声波测厚抽查，抽查数量不得少于球壳板总数的20%，实测厚度应不小于设计厚度，若有不合格，应加倍抽查，若仍有不合格应对球壳板进行100%超声波测厚检查。 ②球壳板周边100mm范围应进行超声波检查抽查，被抽查数量不得少于球壳板总数的20%，且每带不少于2块，上、下极不少于1块。其结果应符合规范规定，若发现超标缺陷，应加倍抽查，若仍有超标缺陷，则100%检验
排水	50%、5	排水监控系统应抽检50%，且不得少于5套，总数少于5套时应全部检测
绝缘电阻	全部	绝缘子安装应牢固，连接可靠，防止积水。绝缘子在安装前应逐个进行绝缘电阻测定
悬吊装置试验	全部	质量大于10kg的灯具、固定装置及悬吊装置应按灯具重量的5倍恒定均布载荷做强度试验，且持续时间不得少于15min。施工或强度试验时观察检查，查阅灯具固定装置及悬吊装置的载荷强度试验记录；应全数检查
给水、中水	全部	给水和中水监控系统应全部检测
高强度螺栓	全部	高强度大六角头螺栓连接副终拧后，应用0.3kg重小锤敲击螺母对高强度螺栓进行逐个检查，不得有漏拧
单机检测	全部	火灾自动报警系统调试，应先分别对探测器、区域报警控制器、集中报警控制器、火灾报警装置和消防控制设备等逐个进行单机检测，正常后方可进行系统调试

六、施工程序总结

1.机电工程测量程序

确认永久基准点、线→设置基础纵横中心线→设置基础标高基准点→设置沉降观测点→安装过程测量控制→实测记录。

2.室内给水系统施工程序

施工准备→预留、预埋→管道测绘放线→管道元件检验→管道支吊架制作安装→管道加工预制→给水设备安装→管道及配件安装→系统水压试验→防腐绝热→系统通水试验→系统冲洗、消毒。

3.室内排水系统施工程序

施工准备→预留、预埋→管道测绘放线→管道元件检验→管道支吊架制作安装→管道加工预制→排水泵等设备安装→管道及配件安装→系统灌水试验→防腐→系统通球试验。

4.室内供暖系统施工程序

施工准备→预留、预埋→管道测绘放线→管道元件检验→管道支吊架制作安装→管道加工预制→供暖设备安装→安装管道及配件安装→散热器及附件安装→系统水压试验→防腐绝热→系统冲洗→调试和试运行。

5.室外给水管网施工程序

施工准备→测量放线→管沟、井池开挖施工→管道支架制作安装（或垫层施工）→管道预制→管道安装→系统水压试验→防腐绝热→系统冲洗、消毒→管沟回填。

6.室外排水管网施工程序

施工准备→测量放线→管沟、井池施工→管道元件检验→管道支架制作安装（或垫层施工）→管道预制→管道安装→系统严密性试验→防腐→系统通水试验→管沟回填。

7.配电柜（开关柜）的安装程序

开箱检查→二次搬运→基础框架制作安装→柜体固定→母线连接→二次线路连接→试验调整→送电运行验收。

8.母线槽施工程序

开箱检查→支架安装→单节母线槽绝缘测试→母线槽安装→通电前绝缘测试→送电验收。

9.干式变压器的施工程序

开箱检查→变压器二次搬运→变压器本体安装→附件安装→变压器交接试验→送电前检查→送电运行验收。

10.金属导管施工程序

测量定位→支架制作、安装（明导管敷设时）→导管预制→导管连接→接地线跨接。

11.管内穿线施工程序

选择导线→管内穿引线→导线与引线绑扎→放护圈（金属导管）→穿导线→导线连接→线路绝缘测试。

12.防雷接地装置施工程序

接地体施工→接地干线施工→引下线敷设→均压环施工→接闪带（接闪杆、接闪网）施工。

13.金属风管制作程序

板材、型材选用及复检→风管预制→角钢法兰预制→板材拼接及轧制、薄钢板法兰风管轧制→防腐→风管加固→风管组合→加固、成型→质量检查。

14.金属风管安装程序

测量放线→支吊架制作→支吊架定位安装→风管检查→组合连接→风管调整→漏风量测试→质量检查。

15.空调冷热水管道安装施工程序

管道预制→管道支吊架制作与安装→管道与附件安装→水压试验→冲洗→质量检查。

16.消防水泵（或稳压泵）施工程序

施工准备→基础验收复核→泵体安装→吸水管路安装→出水管路安装→单机调试。

17.消火栓系统施工程序

施工准备→干管安装→立管、支管安装→箱体稳固→附件安装→强度和严密性试验→冲洗→系统调试。

18.自动喷水灭火系统施工程序

施工准备→干管安装→报警阀安装→立管安装→分层干、支管安装→喷洒头支管安装→管道试压→管道冲洗→减压装置安装→报警阀配件及其他组件安装→喷洒头安装→系统通水调试。

19.机械设备安装的一般程序

设备开箱检查→基础检查验收→基础测量放线→垫铁设置→设备吊装就位→设备安装调整→设备固定与灌浆→设备零部件清洗与装配→润滑与设备加油→设备试运行→验收。

20.架空线路施工的一般程序

线路测量→基础施工→杆塔组立→放线架线→导线连接→线路试验→竣工验收检查。

21.工业管道安装的施工程序

测量定位→支架制作安装→管道加工（预制）、安装→管道试验→防腐绝热→管道吹扫、清洗→系统调试及试运行→竣工验收。

22.塔器整体安装程序

塔器现场检查验收→基准线标识→运放至吊装要求位置→基础验收、设置垫铁→整体吊装、找正、紧固地脚螺栓、垫铁点固→二次灌浆。

23.钢结构安装程序

钢柱安装→支撑安装→梁安装→平台板（层板、屋面板）、钢梯、防护栏安装→其他构件安装。

24.电厂锅炉安装一般程序

设备清点、检查和验收→基础验收→基础放线→设备搬运及起重吊装→钢架及梯子平台的安装→汽水分离器及储水箱（或锅筒）安装→锅炉前炉膛受热面的安装→尾部竖井受热面的安装→燃烧设备的安装→附属设备安装→热工仪表保护装置安装→单机试运行→报警及联锁试验→水压试验→锅炉风压试验→锅炉酸洗→锅炉吹管→锅炉热态调试与试运行。

25.锅炉受热面施工程序

设备及部件清点检查→合金设备（部件）光谱复查→通球试验与清理→联箱找正划线→管子就位对口焊接→组件地面验收→组件吊装→组件高空对口焊接→组件整体找正等。

26.发电机设备安装程序

台板（基架）就位、找正→定子就位、找正→定子及转子水压试验→发电机穿转子→氢冷器安装→端盖、轴承、密封瓦调整安装→励磁机安装→对轮复找中心并连接→整体气密性试验。

27.风力发电设备的安装程序

施工准备→基础及锚栓安装→塔底变频器、电器柜安装→塔筒安装→机舱安装→发电机安装（若有）→叶片与轮毂地面组合→叶轮安装→其他零部件安装→电气设备安装→调试试运行→验收。

28.光伏发电设备的安装程序

施工准备→基础检查验收→设备检查→光伏支架安装→光伏组件安装→汇流箱安装→逆变器安装→电气设备安装→调试→验收。

29.塔式光热发电设备安装程序

施工准备→基础检查验收→设备检查→定日镜安装→吸热器钢结构安装→吸热器及系统管道安装→换热器及系统管道安装→汽轮发电机设备安装→电气设备安装→调试→验收。

30.槽式光热发电设备安装程序

施工准备→基础检查验收→设备检查→集热器支架安装→集热器及附件安装→换热器及管道系统安装→汽轮发电机设备安装→电气设备安装→调试→验收。

七、重点试验总结

1.额定电压下的冲击合闸试验

（1）在额定电压下，变压器冲击合闸试验应进行5次，每次间隔时间宜为5min，应无异常现象，其中750kV变压器在额定电压下，第一次冲击合闸后的带电运行时间不应少于30min，其后每次合闸后带电运行时间可逐次缩短，但不应少于5min。

（2）冲击合闸宜在变压器高压侧进行，进行中性点接地的电力系统试验时，变压器中性点应接地。

（3）变压器第一次投入时，可全压冲击合闸，冲击合闸宜由高压侧投入。

（4）变压器应进行5次空载全压冲击合闸（架空线路3次），应无异常情况；全电压冲击合闸时，励磁涌流不应引起保护装置的误动作。

2.电缆线路绝缘电阻测量和耐压试验

（1）绝缘电阻的测量。

①1kV及以上的电缆可用2500V的兆欧表测量其绝缘电阻。不同电压等级电缆的最低绝缘电阻值应符合规定。

②电缆线路绝缘电阻测量前，用导线将电缆对地短路放电。当接地线路较长或绝缘性能良好时，放电时间不得少于1min。测量完毕或需要再测量时，应将电缆再次接地放电。

③每次测量都须记录环境温度、湿度、绝缘电阻表电压等级及其他可能影响测量结果的因素，对测量结果进行分析、比较，正确判断电缆绝缘性能的优劣。

（2）耐压试验。

①耐压试验用直流电压进行试验，试验电压标准应符合要求。

②在进行直流耐压试验的同时，用接在高压侧的微安表测量泄漏电流。三相泄漏电流最大不对称系数一般不大于2。对于10kV及以上的电缆，若泄漏电流小于20μA，其三相泄漏电流最大不对称系数不作规定。

3.阀门检验（工业管道）

（1）阀门外观检查。阀门应完好，开启机构应灵活，阀门应无歪斜、变形、卡涩现象，标牌应齐全。

（2）阀门应进行壳体压力试验和密封试验，试验不合格者不得使用。

①阀门壳体试验压力和密封试验应以洁净水为介质，不锈钢阀门试验时，水中的氯离子含量不得超过25ppm。

②阀门的壳体试验压力为阀门在20℃时最大允许工作压力的1.5倍，密封试验为阀门在20℃时最大允许工作压力的1.1倍，试验持续时间不得少于5min，无特殊规定时，试验温度为5~40℃，低于5℃时应采取升温措施。

③安全阀应进行整定压力调整和密封试验，委托有资质的检验机构完成，安全阀校验应做好记录、铅封，并出具校验报告。

4.阀门检验（建筑管道）

（1）阀门安装前，应做强度和严密性试验。试验应在每批（同牌号、同型号、同规格）数量中抽查10%，且不少于1个。对于安装在主干管上起切断作用的闭路阀门，应逐个做强度和严密性试验。

（2）阀门的强度试验压力为公称压力的1.5倍；严密性试验压力为公称压力的1.1倍；试验压力在试验持续时间内应保持不变，且壳体填料及阀瓣密封面无渗漏。

5.阀门检验（空调水系统）

（1）阀门安装前应进行外观检查，工作压力大于1.0MPa及在主干管上起到切断作用和系统冷、热水运行转换调节功能的阀门和止回阀，应进行壳体强度和阀瓣密封性能的试验，试验应合格；其他阀门可以不单独进行试验。

壳体强度试验压力为常温条件下公称压力的1.5倍，持续时间不应少于5min，阀门的壳体、填料应无渗漏。严密性试验压力为公称压力的1.1倍，在试验持续的时间内应保持压力不变，阀门压力试验持续时间与允许泄漏量应符合要求。

（2）阀门安装的位置、高度、进出口方向应正确，且便于操作。连接应牢固紧密，启闭应灵活。电动阀门的执行机构应能全程控制阀门的开启与关闭。

（3）水平管道上阀门的手柄不应向下安装，垂直管道阀门的手柄应便于操作。

6.给水系统水压试验（建筑管道）

（1）室内给水管道的水压试验必须符合设计要求，水压试验应包括水压强度试验和严密性试验。当设计未注明时，各种材质的给水管道系统试验压力均为工作压力的1.5倍，但不得小于0.6MPa。

（2）金属及复合管给水管道系统在试验压力下观测10min，压力降不应大于0.02MPa，然后降到工作压力进行检查，应不渗不漏；塑料管给水系统应在试验压力下稳压1h，压力降不得超过0.05MPa，然后在工作压力的1.15倍状态下稳压2h，压力降不得超过0.03MPa，同时检查各连接处不得渗漏。

7.排水系统灌水试验（建筑管道）

（1）隐蔽或埋地的排水管道在隐蔽前必须做灌水试验，灌水高度应不低于底层卫生器具的上边缘或底层地面高度。满水15min水面下降后，再灌满观察5min，液面不降，管道及接口无渗漏为合格。

（2）室内雨水管道安装后应做灌水试验，灌水高度必须到每根立管上部的雨水斗。灌水试验持续时间1h，不渗不漏。

8.排水系统通球试验（建筑管道）

排水主立管及水平干管管道应做通球试验，通球球径不小于排水管道管径的2/3，通球率必须达到100%。

9.风管制作安装的检验与试验

（1）风管批量制作前，对风管制作工艺进行检测或检验时，应进行风管强度与严密性试验。风管强度试验压力,低压风管为1.5倍的工作压力;中压风管为1.2倍的工作压力,且不低于750Pa;高压风管为1.2倍的工作压力。排烟、除尘、低温送风及变风量空调系统风管的严密性应符合中压风管的规定。

(2)风管系统安装完成后,应对安装后的主、干风管分段进行严密性试验。严密性检验,主要检验风管、部件制作加工后的咬口缝、铆接孔、风管的法兰翻边、风管管段之间的连接严密性,检验合格后方能交付下道工序。

10.冷冻、冷却水管道水压试验

冷(热)水、冷却水与蓄能(冷、热)系统的试验压力,当工作压力小于等于1.0MPa时,金属管道及金属复合管道应为1.5倍工作压力,最低不应小于0.6MPa;当工作压力大于1.0MPa时,应为工作压力加0.5MPa。严密性试验压力应为设计工作压力。

各类耐压塑料管的强度试验压力(冷水)应为1.5倍工作压力,且不应小于0.9MPa;严密性试验压力应为1.15倍设计工作压力。

11.仪表管路管道试验

(1)水压试验介质应使用洁净水,奥氏体不锈钢管道进行试验时,水中氯离子含量不得超过25ppm。在环境温度5℃以下进行试验时,应采取防冻措施。

(2)液压试验的压力应为设计压力的1.5倍。当达到试验压力后,应稳压10min,再将试验压力降至设计压力,稳压10min,应无压降、无渗漏。

(3)气压试验介质应使用空气或氮气,试验温度严禁接近管道材料的脆性转变温度。

(4)气压试验的压力应为设计压力的1.15倍,试验时应逐步缓慢升压,达到试验压力后,应稳压10min,再将试验压力降至设计压力,应稳压5min,采用发泡剂检验应无泄漏。

(5)真空管道压力试验应采用0.2MPa气压试验压力。达到试验压力后,稳压15min,采用发泡剂检验应无泄漏。

(6)测量和输送易燃易爆、有毒、有害介质的仪表管道,必须进行管道压力试验和泄漏性试验。

(7)当工艺系统规定要求进行真空度或泄漏性试验时,其内的仪表管道系统应与工艺系统一起进行试验。

(8)仪表气源管道、气动信号管道或设计压力小于或等于0.6MPa的仪表管道,宜采用气体作为试验介质。

12.压力试验替代形式

(1)液压、气压试验替代规定:

1)管道设计压力大于0.6MPa时,可用气压代替液压。

2)设计、建设单位同意。

（2）低温易脆裂的，可用以下方法替代气压。

1）所有环向、纵向对接焊缝和螺旋缝焊缝应进行100%射线检测和100%超声检测。

2）除环向、纵向对接焊缝和螺旋缝焊缝以外的所有焊缝（包括管道支承件与管道组成件连接的焊缝）应进行100%渗透检测或100%磁粉检测。

3）由设计单位进行管道系统的柔性分析。

13.管道液压试验

（1）液压试验应使用洁净水，对不锈钢管道、镍及镍合金管道，水中氯离子含量不得超过25ppm；注入液体时尽量排净空气，且环境温度不宜低于5℃。

（2）承受内压的地上钢管道及有色金属管道试验压力应为设计压力的1.5倍，埋地钢管道的试验压力应为设计压力的1.5倍，且不得低于0.4MPa。

（3）试验应缓慢升压，待达到试验压力后，稳压10min，再将试验压力降至设计压力，稳压30min，检查压力表有无压降、管道所有部位有无渗漏和变形。

14.管道气压试验

（1）承受内压钢管及有色金属管试验压力应为设计压力的1.15倍，真空管道的试验压力应为0.2MPa。

（2）试验介质应采用干燥洁净的空气、氮气或其他不易燃和无毒的气体。

（3）试验时应装设压力泄放装置，其设定压力不得高于试验压力的1.1倍。

（4）试验前，应用空气进行预试验，试验压力宜为0.2MPa。

（5）试验时，应缓慢升压，当压力升至试验压力的50%时，如未发现异常或泄漏，继续按试验压力的10%逐级升压，每级稳压3min，直至试验压力。应在试验压力下稳压10min，再将压力降至设计压力，采用发泡剂检验无泄漏为合格。

15.管道泄漏性试验

泄漏性试验是以气体为试验介质，在设计压力下，采用发泡剂、显色剂、气体分子感测仪或其他手段检查管道系统中泄漏点的试验。实施要点如下：

（1）输送极度和高度危害介质以及可燃介质的管道，必须进行泄漏性试验。

（2）泄漏性试验应在压力试验合格后进行，试验介质宜采用空气。

（3）泄漏性试验压力为设计压力。

（4）泄漏性试验可结合试车一并进行。

（5）泄漏性试验应逐级缓慢升压，当达到试验压力，并且停压10min后，采用涂刷中性发泡剂或采用显色剂、气体分子感测仪等其他方法，巡回检查阀门填料函、法兰或者螺纹连接处、放空阀、排气阀、排净阀等所有密封点应无泄漏。

16.金属储罐充水试验

(1)充水试验前,所有附件及其他与罐体焊接的构件全部完工并检验合格,补强板圈进行0.15MPa表压气密性试验,检验合格。

(2)充水试验宜采用洁净淡水,试验水温不低于5℃。

(3)充水试验中应进行基础沉降观测。

(4)充水和放水过程中,应打开透光孔,且不得使基础浸水。储罐试水要先注水至罐高1/2,观察24h,基础沉降值在设计规定的范围内,方可继续充水,并要继续观测,注水到设计要求的充水高度,静置48h,罐壁无异常变形,罐壁、罐底各部分焊缝无渗漏,则罐壁的严密性和强度试验合格。